上海市工程建设规范

住宅修缮工程质量检测及评定标准

Standard for quality inspection and evaluation of
residential renovation projects

DG/TJ 08—2431—2023
J 16998—2023

主编单位：上海市建设工程检测行业协会
上海市住宅修缮工程质量检测中心
批准部门：上海市住房和城乡建设管理委员会
施行日期：2023 年 12 月 1 日

同济大学出版社

2023　上海

图书在版编目(CIP)数据

住宅修缮工程质量检测及评定标准 / 上海市建设工程检测行业协会，上海市住宅修缮工程质量检测中心主编. —上海：同济大学出版社，2023.10

ISBN 978-7-5765-0957-1

Ⅰ. ①住… Ⅱ. ①上… ②上… Ⅲ. ①住宅-修缮加固-工程质量-质量检验-上海②住宅-修缮加固-工程质量-评定-标准-上海 Ⅳ. ①TU746.3-65

中国国家版本馆 CIP 数据核字(2023)第 192432 号

住宅修缮工程质量检测及评定标准

上海市建设工程检测行业协会
上海市住宅修缮工程质量检测中心 主编

责任编辑 朱 勇
责任校对 徐春莲
封面设计 陈益平

出版发行 同济大学出版社 www.tongjipress.com.cn
(地址：上海市四平路 1239 号 邮编：200092 电话：021-65985622)
经 销 全国各地新华书店
印 刷 浦江求真印务有限公司
开 本 889mm×1194mm 1/32
印 张 4.25
字 数 114 000
版 次 2023 年 10 月第 1 版
印 次 2023 年 10 月第 1 次印刷
书 号 ISBN 978-7-5765-0957-1
定 价 45.00 元

本书若有印装质量问题，请向本社发行部调换 版权所有 侵权必究

上海市住房和城乡建设管理委员会文件

沪建标定〔2023〕241号

上海市住房和城乡建设管理委员会关于批准《住宅修缮工程质量检测及评定标准》为上海市工程建设规范的通知

各有关单位：

由上海市建设工程检测行业协会和上海市住宅修缮工程质量检测中心主编的《住宅修缮工程质量检测及评定标准》，经我委审核，现批准为上海市工程建设规范，统一编号为DG/TJ 08—2431—2023，自2023年12月1日起实施。

本标准由上海市住房和城乡建设管理委员会负责管理，上海市建设工程检测行业协会负责解释。

上海市住房和城乡建设管理委员会

2023年5月19日

前　言

根据上海市住房和城乡建设管理委员会《关于印发〈2022年上海市工程建设规范、建筑标准设计编制计划〉的通知》(沪建标定〔2021〕829号)的要求，编制组经广泛调查研究，认真总结实践经验，参考国内外相关先进标准，并在广泛征求意见的基础上，编制了本标准。

本标准的主要内容有:总则;术语和符号;基本规定;钢筋、钢筋连接接头;混凝土;块体;木结构用材;砂浆;防水材料;建筑节能材料;门窗;非金属类给排水、雨水管道;建筑涂料;钢管、扣件;建筑外立面附加设施锚固件抗拉拔、抗剪性能;结构混凝土抗压强度;结构混凝土氯离子含量;抹灰层现场拉伸粘结强度。

各单位及相关人员在执行本标准过程中，如有意见和建议，请反馈至上海市房屋管理局(地址:上海市世博村路300号;邮编:200125),上海市建设工程检测行业协会(地址:上海市中山南二路777弄1号楼1201室;邮编:200032;E-mail:shcetia@163.com),上海市建筑建材业市场管理总站(地址:上海市小木桥路683号;邮编:200032;E-mail:shgcbz@163.com),以供今后修订时参考。

主　编　单　位:上海市建设工程检测行业协会

上海市住宅修缮工程质量检测中心

参 编 单 位:上海市建筑科学研究院有限公司

上海中测行工程检测咨询有限公司

上海雷谷建筑科技有限公司

上海勘察设计研究院(集团)有限公司

主要起草人:韩跃红　蔡乐刚　鲍　逸　王　磊　王金前

王莉丽　沈　祺　陈熹敏　丁整伟　薛嗣骏

谢永健　闫　颜　司家宁　龙　斌　龚利毅

王　颖　罗钰鑫　张　天　胡佳燕　张承晟

张　超　丁小平

主要审查人:林　驹　王金强　李维涛　连　珍　曹毅然

连　萍　周　东

上海市建筑建材业市场管理总站

目　次

Contents

1 总 则

1.0.1 为加强本市住宅修缮工程质量管理，统一住宅修缮工程质量检测及评定，保障住宅修缮工程质量，制定本标准。

1.0.2 本标准适用于本市住宅修缮工程质量的检测及评定。

1.0.3 住宅修缮工程质量检测及评定除应符合本标准外，尚应符合国家、行业和本市现行有关标准的规定。

2 术语和符号

2.1 术 语

2.1.1 修缮 repairing

为保持和恢复既有房屋的完好状态，以及提高其使用功能，进行维护、维修、改造的各种行为。

2.1.2 住宅修缮工程材料 residential renovation engineering materials

用于住宅修缮工程的结构材料、功能性材料、装饰装修材料和周转材料的统称。

2.1.3 复验 repeat test

工程材料进入施工现场后，在外观质量检查和质量证明文件核查符合要求的基础上，按照相关规定在施工现场抽取样品或制作试件送至有资质的检测机构进行检测的活动。

2.1.4 见证取样检测 evidential test

施工单位在监理工程师或实施单位代表见证下，在施工现场抽取样品或制作试件送至有资质的检测机构进行检测的活动。

2.1.5 工程实体质量检测 entitative inspection of structure

有资质的检测机构采用标准规定的检测方法在工程实体上进行原位检测或抽取样品在实验室进行检测的活动。

2.1.6 随机抽样 random sampling

从总体中抽取 n 个抽样单元构成样本，使 n 个抽样单元每一可能组合都有一个特定被抽到概率的抽样。

2.1.7 试件 test pieces

指经过加工制作的可供检测的样品，混凝土、砂浆试件有时也称试块。

2.1.8 旧材料 old materials

从既有房屋上拆下，经检测符合设计要求并可再利用的材料。

2.1.9 复验批次 repeat test batch

为实施复验而确定的受检批次。

2.1.10 建筑外立面附加设施 building facades additional facilities

在住宅修缮过程中，施工单位在建筑外立面设置的附加设施。本标准特指空调外机支架、遮阳篷、雨篷、晾衣架、窗台花架等。

2.1.11 评定 evaluation

根据检测结果对修缮材料质量或修缮工程实体质量进行评价，并判定是否符合相关标准及设计要求的过程。

2.2 符 号

N_{Rm}^{c}——受检验锚固件极限荷载实测平均值；

N_{Rmin}^{c}——受检验锚固件极限荷载实测最小值；

$[\gamma_u]$——锚固荷载检验系数允许值；

N_{sd}——受检验锚固件连接的荷载设计值；

γ_R——锚固连接荷载分项系数；

$\gamma_{M,s}$——锚栓或锚筋受拉钢材破坏的锚固连接荷载分项系数；

$\gamma_{M,p}$——锚栓或锚筋拔出破坏的锚固连接荷载分项系数；

$\gamma_{M,m}$——砌体结构受拉、受剪破坏的锚固连接荷载分项系数；

$\gamma_{Mv,s}$——锚栓或锚筋受剪破坏的锚固连接荷载分项系数；

$\gamma_{M,mp}$——混合破坏的锚固连接荷载分项系数。

3 基本规定

3.0.1 住宅修缮工程所用材料应符合国家现行标准和设计要求的规定，不得使用国家和本市明令禁止生产和使用的材料。

3.0.2 鼓励新技术、新材料、绿色低碳建材的应用，其材料质量应符合设计要求和有关规定。

3.0.3 确需使用旧材料的修缮工程，所用旧材料的质量及使用部位应符合设计要求和有关规定。

3.0.4 住宅修缮工程材料进场后应按本标准规定进行复验，检测合格后方可使用。

3.0.5 复验的住宅修缮工程材料种类、检测参数、复验批次、取样方法和取样数量、评定要求应符合本标准相关章节的规定。当设计有特殊要求或对住宅修缮工程材料质量有疑义时，可根据需要增加复验。

3.0.6 同一住宅修缮工程项目中，同一施工单位验收进场的同一厂家生产的同品种、同规格、同批材料，可统一划分复验批次。

3.0.7 抽取的样品或制作的试件，其外观质量、尺寸、数量、养护条件、龄期等应符合相关标准的要求。

3.0.8 住宅修缮工程质量检测应随机抽样，满足分布均匀、具有代表性的要求。

3.0.9 对工程实体质量有疑义，或设计及相关标准有要求时，应按照本标准相关章节的规定进行工程实体质量检测。

3.0.10 住宅修缮工程质量检测应按评定标准规定的检测方法进行检测。

3.0.11 检测结果评定时，其数值修约应符合相关标准的规定。相关标准未规定修约的，其数值修约应符合现行国家标准《数值修约规则与极限数值的表示和判定》GB/T 8170 的规定。

3.0.12 住宅修缮工程材料检测结果的评定应符合下列规定：

1 根据合同约定的评定标准进行评定，评定标准中的技术要求不得低于本标准各章的评定要求和设计要求。

2 同一样品的全部检测参数应出具在同一份检测报告中，不得随意删除已委托的检测参数。

3 检测机构应根据评定标准，准确、客观地给出检测结论。

3.0.13 工程实体质量检测结果的评定应符合本标准各章的评定要求和设计要求。

3.0.14 住宅修缮工程中使用建筑反射隔热涂料涂饰的饰面层应进行工程实体质量检测，其质量检测及评定应符合现行上海市工程建设规范《建筑反射隔热涂料应用技术规程》DG/TJ 08—2200 的规定。

3.0.15 涉及地基补强、基础托换和扩大及房屋纠偏的住宅修缮工程，其质量检测及评定还应符合现行行业标准《既有建筑地基基础加固技术规范》JGJ 123 的规定。

3.0.16 涉及砌体结构和混凝土结构补强的住宅修缮工程，其质量检测及评定还应符合现行国家标准《建筑结构加固工程施工质量验收规范》GB 50550、《工程结构加固材料安全性鉴定技术规范》GB 50728 的规定。

3.0.17 室内装饰修缮工程中，设计对装饰装修材料有害物质及室内环境污染物有要求的，应按现行国家标准《民用建筑工程室内环境污染控制标准》GB 50325 进行取样和检测，检测结果应符合设计要求。

3.0.18 小区道路修缮工程中，设计对道路面层质量有要求的，应按现行行业标准《城镇道路工程施工与质量验收规范》CJJ 1 进行取样和检测，检测结果应符合设计要求。

4　钢筋、钢筋连接接头

4.1　一般要求

4.1.1　本章适用于住宅修缮工程中钢筋的进场复验及施工现场制作的钢筋连接接头的复验。

4.1.2　本章未提及的钢筋，其检测参数、复验批次、取样方法和取样数量、评定要求应符合本章、相关标准以及设计要求的规定。

4.2　检测参数

4.2.1　热轧光圆钢筋进场时，应对下屈服强度、抗拉强度、断后伸长率、弯曲性能、重量偏差进行复验。

4.2.2　牌号不带 E 的热轧带肋钢筋进场时，应对下屈服强度、抗拉强度、断后伸长率、弯曲性能、重量偏差进行复验。

4.2.3　牌号带 E 的热轧带肋钢筋进场时，应对下屈服强度、抗拉强度、最大力总延伸率、弯曲性能、重量偏差、强屈比、超屈比进行复验。

4.2.4　调直钢筋应对下屈服强度、抗拉强度、断后伸长率、重量偏差进行复验，采用无延伸功能的机械设备调直的钢筋可不进行本条规定的复验。

4.2.5　在钢筋工程焊接施工之前，参与施焊的焊工必须进行现场条件下的焊接工艺试验，应经试验合格后，方准于焊接生产。

4.2.6　钢筋电弧焊接头、钢筋电渣压力焊接头、非纵向受力箍筋闪光对焊接头、预埋件钢筋 T 形接头每批应进行拉伸试验。

4.2.7　钢筋闪光对焊接头每批应进行拉伸试验、弯曲试验，异径钢筋接头可只做拉伸试验。

4.2.8 钢筋气压焊接头在柱、墙的竖向钢筋连接中，每批应进行拉伸试验，在梁、板的水平钢筋连接中，每批应进行拉伸试验、弯曲试验，异径钢筋气压焊接头可只做拉伸试验。

4.2.9 钢筋机械连接工程施工前，应针对不同钢筋生产厂的钢筋进行钢筋机械连接接头的工艺检验，施工过程中更换钢筋生产厂或接头技术提供单位时，应补充进行工艺检验，检测项目为单向拉伸极限抗拉强度、残余变形。工艺检验不合格时，应进行工艺参数调整，合格后方可按最终确认的工艺参数进行接头批量加工。

4.2.10 钢筋机械连接接头应按批对极限抗拉强度进行检测。

4.3 复验批次

4.3.1 进场的热轧光圆钢筋、热轧带肋钢筋应以同一生产厂家、同一品种、同一规格等级、同一批号且重量不超过 60 t 为同一复验批次。

4.3.2 进场的调直钢筋应以同一加工厂家、同一牌号、同一规格且重量不超过 30 t 为同一复验批次。施工单位自行加工的调直钢筋应以同一加工设备、同一牌号、同一规格且重量不超过 30 t 为同一复验批次。

4.3.3 钢筋焊接接头的复验批次应按现行行业标准《钢筋焊接及验收规程》JGJ 18 的有关规定执行。

4.3.4 钢筋机械连接接头的复验批次应按现行行业标准《钢筋机械连接技术规程》JGJ 107 的有关规定执行。

4.4 取样方法和取样数量

4.4.1 钢筋、钢筋连接接头在取样时，应同时抽取首次检测和双倍复试所需试件。

4.4.2 钢筋取样应从同一复验批次不同根(盘)钢筋上随机截取,且取样部位不宜在距离钢筋端部 500 mm 长度内。表面有标识的钢筋取样时应包含标识部分,标识应与生产许可证上的信息一致。首次检测和双倍复试试件不得取自同一根(盘)钢筋。

4.4.3 钢筋连接接头应从工程实体中随机截取。

4.4.4 钢筋焊接接头的取样应按现行行业标准《钢筋焊接及验收规程》JGJ 18 的有关规定执行。

4.4.5 钢筋机械连接接头的取样应按现行行业标准《钢筋机械连接技术规程》JGJ 107 的有关规定执行。

4.4.6 钢筋、钢筋连接接头的取样数量应符合表 4.4.6 的规定。

表 4.4.6 钢筋、钢筋连接接头取样数量

<table>
<tr><th colspan="3">名称</th><th>取样数量</th></tr>
<tr><td rowspan="4">钢筋</td><td colspan="2">热轧光圆钢筋</td><td>17 根/批,取样长度应≥500 mm</td></tr>
<tr><td rowspan="2">热轧带肋钢筋</td><td>牌号带 E</td><td rowspan="2">17 根/批,取样长度应≥500 mm</td></tr>
<tr><td>牌号不带 E</td></tr>
<tr><td colspan="2">调直钢筋</td><td>9 根/批,取样长度应≥500 mm</td></tr>
<tr><td rowspan="3">钢筋连接接头</td><td colspan="2">钢筋电弧焊接头、钢筋电渣压力焊接头、非纵向受力箍筋闪光对焊接头、预埋件钢筋 T 形接头</td><td>9 根/批,钢筋焊接接头两端钢筋露出长度应≥250 mm</td></tr>
<tr><td colspan="2">钢筋闪光对焊接头、钢筋气压焊接头</td><td>18 根/批,钢筋焊接接头两端钢筋露出长度应≥250 mm</td></tr>
<tr><td colspan="2">钢筋机械连接接头</td><td>9 根/批,钢筋机械连接接头两端钢筋露出长度应≥4d+200 mm(d 为钢筋公称直径)</td></tr>
</table>

4.5 评定要求

4.5.1 钢筋、钢筋连接接头的评定应符合表 4.5.1 的规定。

表 4.5.1 钢筋、钢筋连接接头评定要求

名称		评定标准
钢筋	热轧光圆钢筋	GB/T 1499.1
	热轧带肋钢筋	GB/T 1499.2
	调直钢筋	GB 50204
钢筋连接接头	焊接接头	JGJ 18
	机械连接接头	JGJ 107

4.5.2 钢筋检测参数全部合格,应判定该批产品为合格。重量偏差不合格,应判定该批产品为不合格;除重量偏差以外的其他检测参数首次检测不合格的,应进行双倍复试,但当出现白点时不允许复试。复试合格的应判定该批产品为合格,复试不合格的应判定该批产品为不合格。

4.5.3 钢筋连接接头检测参数经首次检测合格的,应判定该批产品为合格;首次检测不合格的,应按现行行业标准《钢筋焊接及验收规程》JGJ 18、《钢筋机械连接技术规程》JGJ 107 的有关规定进行双倍复试,复试不合格的应判定该批产品为不合格。

5 混凝土

5.1 一般要求

5.1.1 本章适用于住宅修缮工程中预拌混凝土的进场复验。

5.1.2 进场的混凝土拌合物不应离析，其稠度应满足设计和施工方案的要求。

5.1.3 混凝土抗压强度检测，应采用 28 d 或设计规定龄期的标准养护试件。

5.1.4 混凝土抗水渗透性能检测，应采用设计规定龄期的标准养护试件。当设计对龄期未作规定时，标准养护试件的龄期不应低于 28 d，且不宜大于 60 d。

5.1.5 混凝土中水溶性氯离子含量检测，应采用设计规定龄期的标准养护试件。当设计对龄期未作规定时，标准养护试件的龄期宜采用 28 d。

5.2 检测参数

5.2.1 混凝土在浇筑时应按批次要求成型试块，对抗压强度、混凝土中水溶性氯离子含量进行复验。

5.2.2 当设计有要求时，进场的混凝土应对抗水渗透性能进行复验。

5.3 复验批次

5.3.1 混凝土抗压强度应以同一单位工程、同一生产厂家、同一强度等级、同一配合比、同一工作班拌制的混凝土且不超过100 m^3 为同一复验批次。

5.3.2 混凝土抗水渗透性能应以同一单位工程、同一生产厂家、同一抗渗等级、同一配合比连续浇筑的混凝土且不超过500 m^3 为同一复验批次。

5.3.3 混凝土中水溶性氯离子含量应以同一单位工程、同一生产厂家、同一强度等级、同一配合比的混凝土为同一复验批次。

5.4 取样方法和取样数量

5.4.1 混凝土应在浇筑地点随机抽样，同一复验批次的取样次数应不少于1次。

5.4.2 混凝土取样应符合现行国家标准《普通混凝土拌合物性能试验方法标准》GB/T 50080的有关规定。

5.4.3 混凝土抗压强度和水溶性氯离子含量试件的制作应符合现行国家标准《混凝土物理力学性能试验方法标准》GB/T 50081的有关规定，混凝土水溶性氯离子含量试件应以3个为一组。

5.4.4 混凝土抗水渗透性能试件的制作应符合现行国家标准《普通混凝土长期性能和耐久性能试验方法标准》GB/T 50082的有关规定。

5.4.5 混凝土试件上应有制作日期、工程部位、设计强度等信息。

5.4.6 混凝土试件的养护应符合现行国家标准《混凝土物理力学性能试验方法标准》GB/T 50081的有关规定，施工现场应配备混凝土标准养护室或标准养护箱。

5.4.7 用于检测水溶性氯离子含量的混凝土试件养护过程中，不应接触外界氯离子源。

5.4.8 混凝土试件应在工程现场标准养护至规定龄期后方可送

检测机构。

5.5 评定要求

5.5.1 混凝土抗压强度的评定应按现行国家标准《混凝土强度检验评定标准》GB/T 50107 的有关规定执行。

5.5.2 划入同一验收批的混凝土由强度等级相同、龄期相同、生产工艺条件和配合比基本相同的混凝土组成，其施工持续时间不宜超过 3 个月。

5.5.3 未按规定制作混凝土强度试件、强度评定不合格、强度检测结果无效或对强度试件检测结果存在疑义时，应按本标准第 16 章的要求对工程实体混凝土强度进行检测及评定。

5.5.4 混凝土抗水渗透性能的评定应按现行行业标准《混凝土耐久性检验评定标准》JGJ/T 193 的有关规定执行，检测结果应满足设计要求。

5.5.5 未按规定制作抗水渗透性能试件、抗水渗透性能不合格或对抗水渗透性能试件检测结果存在疑义时，应按现行国家标准《混凝土结构现场检测技术标准》GB/T 50784 的有关规定，进行取样法检测混凝土抗水渗透性能。

5.5.6 混凝土中水溶性氯离子含量应符合现行国家标准《混凝土结构通用规范》GB 55008 的有关规定。

5.5.7 未按规定制作混凝土中水溶性氯离子含量试件、水溶性氯离子含量不合格或对混凝土中水溶性氯离子含量试件检测结果存在疑义时，应按本标准第 17 章的规定对结构混凝土氯离子含量进行检测及评定。

6 块 体

6.1 一般要求

6.1.1 本章适用于住宅修缮工程砌体结构用新购块体的进场复验以及旧砖再利用前的见证取样检测及评定。

6.1.2 进场验收的新购块体，其产品龄期应满足相关标准要求。

6.1.3 不得使用存在裂缝、风化、碱蚀、疏松的旧砖，旧砖使用前应清理干净。

6.1.4 本章未提及的块体，其检测参数、复验批次、取样方法和取样数量、评定要求应符合本章、相关标准以及设计要求的规定。

6.2 检测参数

6.2.1 新购混凝土实心砖、承重混凝土多孔砖、普通混凝土小型砌块、蒸压灰砂多孔砖进场时，应对抗压强度进行复验。

6.2.2 新购非承重混凝土空心砖、蒸压加气混凝土砌块、轻集料混凝土小型空心砌块、非承重蒸压灰砂空心砌块、非承重蒸压灰砂空心砖进场时，应对抗压强度、体积密度进行复验。

6.2.3 旧砖使用前应对抗压强度进行见证取样检测。

6.3 复验批次

6.3.1 新购块体的进场复验批次应符合下列要求：

1 同一品种、同一强度等级、同一规格的砖进场数量超过500块，砌块进场数量超过200块的，应进行复验。

2　进场的砖应以同一生产厂家、同一品种、同一强度等级、同一规格且数量不超过 10 000 块为同一复验批次。

3　进场的砌块应以同一生产厂家、同一品种、同一强度等级、同一规格且数量不超过 5 000 块为同一复验批次。

6.3.2　旧砖使用前见证取样检测的批次应符合下列要求：

1　用于非承重墙的砖，以同一品种、同一规格且使用数量不超过 5 000 块为同一批次。

2　用于承重墙的砖，拆自本工程的，以同一房屋、同一品种、同一规格且使用数量不超过 2 500 块为同一批次；拆自其他工程的，以同一品种、同一规格、颜色基本一致且使用数量不超过 1 000 块为同一批次。

6.4　取样方法和取样数量

6.4.1　样品应在施工现场随机抽样，同一复验批次的取样次数应不少于 1 次。

6.4.2　样品应从外观质量和尺寸偏差检验合格的块体中抽取。

6.4.3　新购块体的取样数量应符合表 6.4.3 的规定。

表 6.4.3　块体取样数量

名称	取样数量
混凝土实心砖	10 块/组
承重混凝土多孔砖	高宽比≥0.6 时取 5 块/组；高宽比<0.6 时取 10 块/组
普通混凝土小型砌块	高宽比≥0.6 时取 5 块/组；高宽比<0.6 时取 10 块/组
蒸压灰砂多孔砖	10 块/组
非承重混凝土空心砖	高宽比≥0.6 时取 10 块/组；高宽比<0.6 时取 15 块/组
蒸压加气混凝土砌块[a]	6 块/组
轻集料混凝土小型空心砌块	8 块/组

续表6.4.3

名称	取样数量
非承重蒸压灰砂空心砌块和蒸压灰砂空心砖	8块/组

注：a. 蒸压加气混凝土砌块应抽取原块状样品。

6.4.4 旧砖的取样数量宜按现行国家标准和行业标准的有关规定执行。

6.5 评定要求

6.5.1 新购块体的评定应符合表6.5.1的规定。

表6.5.1 块体评定要求

名称	评定标准
混凝土实心砖	GB/T 21144
承重混凝土多孔砖	GB/T 25779
普通混凝土小型砌块	GB/T 8239
蒸压灰砂多孔砖	JC/T 637
非承重混凝土空心砖	GB/T 24492
蒸压加气混凝土砌块	GB/T 11968
轻集料混凝土小型空心砌块	GB/T 15229
非承重蒸压灰砂空心砌块和蒸压灰砂空心砖	JC/T 2489

6.5.2 旧砖宜按现行国家标准和行业标准规定的方法进行检测，评定应符合设计要求或由设计单位根据检测结果确定使用部位。

6.5.3 块体的检测参数全部合格，应判定该批产品为合格；有1项参数不合格，应判定该批产品为不合格。

7 木结构用材

7.1 一般要求

7.1.1 本章适用于住宅修缮工程中方木与原木结构、胶合木结构、轻型木结构等结构用木材与木产品、承重钢构件、连接用钢材等金属件的进场复验，以及旧木材使用前的见证取样检测及评定。

7.1.2 修换或修复木结构用木材与木产品的种类、材质等级或强度等级应符合设计文件的规定，并应有质量证明文件，除方木与原木外，尚应有产品标识。

7.1.3 修换或修复木结构用承重钢构件、连接用钢材等材料进场时应由供应商提供质量证明文件。

7.1.4 木构件所使用的防腐、防虫及防火和阻燃药剂应符合设计文件规定，且应有质量证明文件。经专业工厂进行化学药剂防腐处理后的木构件，应有符合现行国家标准《木结构工程施工质量验收规范》GB 50206 规定的药物有效性成分的载药量和透入度检验合格报告。经专业工厂进行加压浸渍法防火阻燃处理后的木构件，应有符合设计文件规定的药物吸收干量的检验报告。

7.2 检测参数

7.2.1 方木、原木、板材进场时，应对木材含水率、弦向静曲强度进行复验。

7.2.2 胶合木结构构件进场时，应对木材含水率进行复验，胶合木受弯构件还应对荷载效应标准组合作用下的抗弯性能进行复验。

7.2.3 轻型木结构用规格材进场时，目测分等规格材应对木材含水率、目测等级或抗弯强度进行复验，机械分等规格材应对木材含水率、抗弯强度进行复验；轻型木结构用木基结构板材进场时，应对静曲强度、静曲弹性模量进行复验；工字形木搁栅和结构复合木材受弯构件进场时，应对荷载效应标准组合作用下的抗弯性能进行复验。

7.2.4 旧木材使用前应对木材含水率、弦向静曲强度进行见证取样检测。

7.2.5 木结构承重钢构件、连接用钢材进场时，应对屈服强度、抗拉强度、伸长率进行复验；木结构承重钢构件钢木屋架下弦圆钢进场时，应对屈服强度、抗拉强度、伸长率、冷弯性能进行复验。

7.2.6 当设计对圆钉抗弯屈服强度有要求时，应对圆钉进行抗弯强度复验。

7.2.7 经化学药剂防腐加压处理后的木构件应进行透入度复验。

7.2.8 采用喷涂法进行阻燃处理后的木构件应进行涂层厚度复验。

7.3 复验批次

7.3.1 新购方木与原木结构、胶合木结构、轻型木结构等结构用木材与木产品的进场复验批次应符合下列要求：

1 同一树种的方木、原木结构或同一树种、同一强度的胶合木结构、轻型木结构用木材与木产品进场数量超过 3 m^3，应进行复验。

2 进场的方木、原木结构用木材与木产品应以同一生产厂家、同一树种且不超过 100 m^3 为同一复验批次。

3 进场的胶合木结构构件、轻型木结构用规格材和木基结构板材、轻型木结构构件应以同一生产厂家、同一树种、同一强度且不超过 100 m^3 为同一复验批次。

7.3.2 旧木材使用前见证取样检测的批次应符合下列要求：

1 旧木材进场后均应进行见证取样检测。

2 旧木材应以同一树种且不超过 100 m^3 为同一批次。

7.3.3 同一树种的方木、原木结构或同一树种、同一强度的胶合木结构、轻型木结构用木材与木产品使用量超过 3 m^3，相应木结构连接用钢材进场后应进行复验。

7.3.4 进场的木结构承重钢构件、连接用钢材应以同一生产厂家、同一牌号、同一质量等级、同一规格、同一交货状态为同一复验批次。

7.3.5 进场的圆钉应以同一生产厂家、同一帽钉种类、同一钉杆直径、同一圆钉长度为同一复验批次。

7.4 取样方法和取样数量

7.4.1 样品应在施工现场随机抽样，同一复验批次的取样次数应不少于 1 次。

7.4.2 样品应从规格尺寸检验合格的材料中抽取。

7.4.3 木结构用材的取样数量应符合表 7.4.3 的规定。

表 7.4.3 木结构用材取样数量

名称	检测参数	取样数量	要求
方木、原木、板材	木材含水率	同一规格抽取 5 根	每根试材在距端头 200 mm 处沿截面均匀截取 5 个尺寸为 20 mm×20 mm×20 mm 的试样
	弦向静曲强度	3 根	每根长度应≥1 m
胶合木结构构件	木材含水率	同一规格抽取 5 根	每根试材在距端头 200 mm 处沿截面均匀截取 5 个尺寸为 20 mm×20 mm×20 mm 的试样

续表7.4.3

名称	检测参数	取样数量	要求
胶合木结构构件	受弯构件荷载效应标准组合作用下的抗弯性能	同一胶合工艺、同一层板类别、构件截面的同类型构件抽取3根	—
轻型木结构用规格材	木材含水率	同一规格抽取5根	每根试材在距端头200 mm处沿截面均匀截取5个尺寸为20 mm×20 mm×20 mm的试样
	目测等级	同一目测等级规格材抽取8根	—
	抗弯强度	复式抽样法。同一规格尺寸第一次抽取28根，当满足复试条件，第二次抽取53根	每根长度应≥$17h$+200 mm（h为规格材截面高度）
轻型木结构用木基结构板材	静曲强度、静曲弹性模量	同一规格抽取3张	—
轻型木结构构件	工字形木搁栅和结构复合木材受弯构件荷载效应标准组合作用下的抗弯性能	同一规格抽取3根	—
旧木材	木材含水率	5根	每根试材在距端头200 mm处沿截面均匀截取5个尺寸为20 mm×20 mm×20 mm的试样
	弦向静曲强度	3根	每根长度应≥1 m

续表7.4.3

<table>
<tr><th colspan="2">名称</th><th>检测参数</th><th>取样数量</th><th>要求</th></tr>
<tr><td rowspan="3">金属件</td><td>承重钢构件、连接用钢材</td><td>屈服强度、抗拉强度、伸长率</td><td>1件</td><td rowspan="3">—</td></tr>
<tr><td>钢木屋架下弦圆钢</td><td>屈服强度、抗拉强度、伸长率、冷弯性能</td><td>2件</td></tr>
<tr><td>圆钉</td><td>抗弯强度</td><td>10枚</td></tr>
<tr><td colspan="2">经化学药剂防腐加压处理后的木构件</td><td>透入度</td><td>(5～10)根构件上均匀地钻取20个(油性药剂)或48个(水性药剂)芯样</td><td>—</td></tr>
<tr><td colspan="2">采用喷涂法进行阻燃处理后的木构件</td><td>涂层厚度</td><td>20处</td><td>—</td></tr>
</table>

7.5 评定要求

7.5.1 木结构用材的评定应符合表7.5.1的规定。

表7.5.1 木结构用材评定要求

名称	检测参数	评定标准
方木、原木、板材	木材含水率、弦向静曲强度	GB 50206
胶合木结构构件	木材含水率、受弯构件荷载效应标准组合作用下的抗弯性能	GB 50206
轻型木结构用规格材	木材含水率、目测等级、抗弯强度	GB 50206
轻型木结构用木基结构板材	静曲强度、静曲弹性模量	GB 50206

续表7.5.1

<table>
<tr><th colspan="2">名称</th><th>检测参数</th><th>评定标准</th></tr>
<tr><td colspan="2">轻型木结构构件</td><td>工字形木搁栅和结构复合木材受弯构件荷载效应标准组合作用下的抗弯性能</td><td>GB 50206</td></tr>
<tr><td colspan="2">旧木材</td><td>木材含水率、弦向静曲强度</td><td>GB 50206</td></tr>
<tr><td rowspan="3">金属件</td><td>承重钢构件、连接用钢材</td><td>屈服强度、抗拉强度、伸长率</td><td>GB/T 700、GB/T 1591</td></tr>
<tr><td>钢木屋架下弦圆钢</td><td>屈服强度、抗拉强度、伸长率、冷弯性能</td><td>GB/T 700、GB/T 1591</td></tr>
<tr><td>圆钉</td><td>抗弯强度</td><td>GB 50206</td></tr>
<tr><td colspan="2">经化学药剂防腐加压处理后的木构件</td><td>透入度</td><td>GB 50206</td></tr>
<tr><td colspan="2">采用喷涂法进行阻燃处理后的木构件</td><td>涂层厚度</td><td>GB 50206</td></tr>
</table>

7.5.2 旧木材宜按现行国家标准和行业标准规定的方法进行检测，由设计单位对强度指标等进行评估，满足要求后方可再利用。

7.5.3 检测参数全部合格，应判定该批产品为合格；有1项参数不合格，应判定该批产品为不合格。

7.5.4 当未按要求对木结构用材进行复验或对工程实体质量有疑义时，应按现行行业标准《木结构现场检测技术标准》JGJ/T 488的相关规定进行木结构工程质量现场检测，检测结果应满足设计要求。

8 砂 浆

8.1 一般要求

8.1.1 本章适用于住宅修缮工程中预拌砂浆的进场复验及施工现场制作的砂浆试件的复验。

8.1.2 进场的预拌砂浆应符合相关标准的保质期要求。

8.1.3 砌筑砂浆、抹灰砂浆和地面砂浆的稠度应满足设计和相关标准的要求。

8.1.4 本章未提及的砂浆，其检测参数、复验批次、取样方法和取样数量、评定要求应符合本章、相关标准以及设计要求的规定。

8.2 检测参数

8.2.1 干混普通砌筑砂浆、干混地面砂浆、干混薄层砌筑砂浆进场时，应对保水率、28 d 抗压强度进行复验。

8.2.2 干混普通抹灰砂浆、干混薄层抹灰砂浆进场时，应对保水率、28 d 抗压强度、14 d 拉伸粘结强度进行复验。

8.2.3 干混普通防水砂浆进场时，应对保水率、28 d 抗压强度、抗渗压力、14 d 拉伸粘结强度进行复验。

8.2.4 干混界面砂浆进场时，应对拉伸粘结强度(未处理)、拉伸粘结强度(浸水处理)进行复验。

8.2.5 砌筑砂浆、地面砂浆在施工时，应按批次要求成型试块，进行 28 d 抗压强度复验。

8.3 复验批次

8.3.1 同一品种、同一等级进场的预拌砂浆进场数量超过 0.2 t 的,应进行复验。

8.3.2 进场的预拌砂浆应以同一生产厂家、同一品种、同一等级、同一批号且重量不超过 100 t 为同一复验批次。

8.3.3 现场成型的砌筑砂浆强度试件,应以同一单位工程、同一生产厂家、同一品种、同一等级、同一批号的砌筑砂浆,且不超过 250 m^3 砌体为同一复验批次。

8.3.4 现场成型的地面砂浆强度试件,应以同一单位工程、同一生产厂家、同一品种、同一等级、同一批号的地面砂浆,且不超过 1 000 m^2 为同一复验批次。

8.4 取样方法和取样数量

8.4.1 预拌砂浆的进场复验取样,应在施工现场随机抽样,同一复验批次的取样次数应不少于 1 次。

8.4.2 干混普通砌筑砂浆、干混地面砂浆、干混薄层砌筑砂浆、干混普通抹灰砂浆、干混薄层抹灰砂浆、干混普通防水砂浆取样数量应不少于 25 kg,干混界面砂浆取样数量应不少于 10 kg。

8.4.3 施工现场同一复验批次的砌筑砂浆、地面砂浆拌合物,应在砂浆搅拌机出料口随机取样制作砂浆试块,每台搅拌机应至少留置 1 组抗压强度试件。

8.4.4 砂浆试件的制作应符合现行行业标准《建筑砂浆基本性能试验方法》JGJ/T 70 的有关规定。

8.4.5 现场成型的砂浆试件应标记制作日期、工程部位、设计强度等信息。

8.4.6 现场成型的砂浆试件的养护应符合现行行业标准《建筑

砂浆基本性能试验方法》JGJ/T 70 的有关规定，施工现场应配备标准养护室或标准养护箱。

8.4.7 现场成型的砂浆试件应在工程现场标准养护至规定龄期后方可送检测机构。

8.5 评定要求

8.5.1 预拌砂浆进场复验的评定应符合表 8.5.1 的规定。

表 8.5.1 预拌砂浆评定要求

名称	评定标准
干混普通砌筑砂浆	GB/T 25181
干混普通抹灰砂浆	
干混地面砂浆	
干混普通防水砂浆	
干混薄层抹灰砂浆	
干混薄层砌筑砂浆	JC/T 890
干混界面砂浆	JC/T 907

8.5.2 进场复验的预拌砂浆检测参数全部合格，应判定该批产品为合格；有 1 项参数不合格，应判定该批产品为不合格。

8.5.3 现场成型的砌筑砂浆强度试块的评定应符合现行国家标准《砌体结构工程施工质量验收规范》GB 50203 的有关规定。

8.5.4 现场成型的地面砂浆强度试块的评定应符合现行上海市工程建设规范《预拌砂浆应用技术标准》DG/TJ 08—502 的有关规定。

8.5.5 划入同一验收批的砂浆强度试块由同一生产厂家、同一品种、同一等级的预拌砂浆组成。

8.5.6 当现场未按规定制作试块、现场成型的砌筑砂浆试块强度评定不合格、强度检测结果无效或强度试件检测结果存在疑义时，应按现行上海市工程建设规范《商品砌筑砂浆现场检测技术规程》DG/TJ 08—2021 的有关规定进行检测，检测结果如满足设计要求，则判定为合格；如不满足设计要求，则判定为不合格。

8.5.7 当对住宅修缮工程墙面和顶棚抹灰材料或施工质量有争议时，应按本标准第 18 章的规定对抹灰层拉伸粘结强度进行现场检测及评定。

9 防水材料

9.1 一般要求

9.1.1 本章适用于住宅修缮工程用防水卷材、防水涂料、密封材料、止水材料、瓦材等防水材料的进场复验以及旧烧结瓦使用前的见证取样检测及评定。

9.1.2 旧烧结瓦表面不应有裂缝和风化。烧结瓦使用前应刮整干净,外观无明显缺陷。

9.1.3 本章未提及的防水材料,其检测参数、复验批次、取样方法和取样数量、评定要求应符合本章、相关标准以及设计要求的规定。

9.2 检测参数

9.2.1 防水卷材进场时应进行复验,复验的检测参数应符合表 9.2.1 的规定。

表 9.2.1 防水卷材检测参数

名称	使用部位	检测参数
高分子防水片材	屋面、地下	拉伸强度(常温 23℃)、拉断伸长率(常温 23℃)、撕裂强度、不透水性、低温弯折、片材与片材粘结剥离强度(冷粘型)、剥离强度(标准试验条件)(自粘型)
	室内	拉伸强度(常温 23℃)、拉断伸长率(常温 23℃)、撕裂强度、不透水性、片材与片材粘结剥离强度(冷粘型)、剥离强度(标准试验条件)(自粘型)

续表9.2.1

名称	使用部位	检测参数
自粘聚合物改性沥青防水卷材	屋面	拉力、最大拉力时延伸率、沥青断裂延伸率(N类)、可溶物含量(PY类)、耐热性、低温柔性、不透水性、剥离强度(卷材与卷材、卷材与铝板)
	室内	拉力、最大拉力时延伸率、不透水性、剥离强度(卷材与铝板)
	地下	拉力、最大拉力时延伸率、沥青断裂延伸率(N类)、可溶物含量(PY类)、低温柔性、热老化后低温柔性、不透水性、剥离强度(卷材与卷材、卷材与铝板)
湿铺防水卷材	屋面	拉力、最大拉力时伸长率、耐热性、低温柔性、不透水性、可溶物含量(PY类)、卷材与卷材剥离强度(搭接边)(无处理)
	地下	拉力、最大拉力时伸长率、低温柔性、热老化后低温柔性、不透水性、可溶物含量(PY类)、卷材与卷材剥离强度(搭接边)(无处理)
预铺防水卷材	屋面	拉力、最大拉力时伸长率(PY类)、拉伸强度(P类、R类)、膜断裂伸长率(P类、R类)、耐热性、低温柔性(P类、PY类)、不透水性、可溶物含量(PY类)、卷材与卷材剥离强度(搭接边)(无处理)
	地下	拉力、最大拉力时伸长率(PY类)、拉伸强度(P类、R类)、膜断裂伸长率(P类、R类)、低温柔性(P类、PY类)、热老化后低温柔性(P类、PY类)、不透水性、可溶物含量(PY类)、卷材与卷材剥离强度(搭接边)(无处理)
弹性体改性沥青防水卷材	屋面	可溶物含量、拉力、延伸率、耐热性、低温柔性、不透水性
塑性体改性沥青防水卷材	屋面	可溶物含量、拉力、延伸率、耐热性、低温柔性、不透水性

9.2.2 防水涂料进场时应进行复验，复验的检测参数应符合表9.2.2的规定。

表 9.2.2　防水涂料检测参数

名称	使用部位	检测参数
聚合物乳液建筑防水涂料	屋面	固体含量、拉伸强度、断裂延伸率、低温柔性、不透水性
	室内	固体含量、拉伸强度、断裂延伸率、不透水性、挥发性有机化合物(VOC)、(苯、甲苯、乙苯和二甲苯)总和、游离甲醛
	外墙	固体含量、拉伸强度、断裂延伸率、低温柔性、不透水性、表干时间、实干时间
聚氨酯防水涂料	屋面	固体含量、拉伸强度、断裂伸长率、低温弯折性、不透水性
	室内	固体含量、拉伸强度、断裂伸长率、不透水性、挥发性有机化合物(VOC)、苯、甲苯＋乙苯＋二甲苯、游离 TDI
	外墙	固体含量、拉伸强度、断裂伸长率、低温弯折性、不透水性、表干时间、实干时间
	地下	固体含量、拉伸强度、断裂伸长率、不透水性、粘结强度
聚合物水泥防水涂料	屋面	固体含量、拉伸强度(无处理)、断裂伸长率(无处理)、低温柔性(Ⅰ型)、不透水性
	室内	固体含量、拉伸强度(无处理)、断裂伸长率(无处理)、粘结强度(无处理)、不透水性、挥发性有机化合物(VOC)、(苯、甲苯、乙苯和二甲苯)总和、游离甲醛
	外墙	固体含量、拉伸强度(无处理)、断裂伸长率(无处理)、低温柔性(Ⅰ型)、粘结强度(无处理)、不透水性
	地下	固体含量、拉伸强度(无处理)、断裂伸长率(无处理)、粘结强度(无处理、潮湿基层)、不透水性、抗渗性(Ⅱ型、Ⅲ型)

续表9.2.2

名称	使用部位	检测参数
水乳型沥青防水涂料	屋面	固体含量、断裂伸长率（标准条件）、粘结强度、不透水性、耐热度、低温柔度（标准条件）
	室内	固体含量、断裂伸长率（标准条件）、粘结强度、不透水性、挥发性有机化合物（VOC）、（苯、甲苯、乙苯和二甲苯）总和、游离甲醛
非固化橡胶沥青防水涂料	屋面、地下	固含量、粘结性能（干燥基面、潮湿基面）、延伸性、低温柔性、耐热性
聚合物水泥防水砂浆	屋面	7 d粘结强度、7 d抗渗压力、抗压强度、抗折强度
	室内	凝结时间、7 d抗渗压力、7 d粘结强度、抗压强度、抗折强度
	外墙	凝结时间、7 d抗渗压力、7 d粘结强度、抗压强度、抗折强度、收缩率
	地下	7 d粘结强度、7 d抗渗压力
聚合物水泥防水浆料	室内、外墙、地下	抗渗压力、粘结强度（无处理）、抗压强度（Ⅰ型）、抗折强度（Ⅰ型）
水泥基渗透结晶型防水涂料	地下	氯离子含量、湿基面粘结强度、砂浆抗渗性能（去除涂层抗渗压力比）、混凝土抗渗性能（去除涂层抗渗压力比、带涂层混凝土的第二次抗渗压力）

9.2.3 密封材料进场时应进行复验，复验的检测参数应符合表9.2.3的规定。

表9.2.3 密封材料检测参数

名称	使用部位	检测参数
硅酮和改性硅酮建筑密封胶	屋面、外墙、地下	下垂度、表干时间、挤出性（单组分）、适用期（多组分）、弹性恢复率、拉伸模量、定伸粘结性
	室内	下垂度、表干时间、挤出性（单组分）、适用期（多组分）、弹性恢复率、拉伸模量、定伸粘结性、浸水后定伸粘结性

续表9.2.3

名称	使用部位	检测参数
聚氨酯建筑密封胶	屋面、外墙、地下	下垂度(N型)、流平性(L型)、表干时间、挤出性(单组分)、适用期(多组分)、弹性恢复率、拉伸模量、定伸粘结性
	室内	下垂度(N型)、流平性(L型)、表干时间、挤出性(单组分)、适用期(多组分)、弹性恢复率、拉伸模量、定伸粘结性、浸水后定伸粘结性
聚硫建筑密封胶	屋面、外墙、地下	下垂度(N型)、流平性(L型)、表干时间、适用期、弹性恢复率、拉伸模量、定伸粘结性

9.2.4 止水材料进场时应进行复验,复验的检测参数应符合表9.2.4的规定。

表9.2.4 止水材料检测参数

名称	使用部位	检测参数
止水带	地下	拉伸强度、拉断伸长率、撕裂强度
遇水膨胀橡胶(制品型)	地下	硬度、拉伸强度、拉断伸长率、体积膨胀倍率、低温弯折
遇水膨胀橡胶(腻子型)	地下	体积膨胀倍率、低温试验
遇水膨胀止水胶	地下	表干时间、拉伸强度、断裂伸长率、体积膨胀倍率

9.2.5 瓦材进场时应进行复验,复验的检测参数应符合表9.2.5的规定。

表9.2.5 瓦材检测参数

名称	使用部位	检测参数
玻纤胎沥青瓦	屋面	可溶物含量、拉力、耐热度、柔度、不透水性、耐钉子拔出性能、叠层剥离强度(L)
合成树脂装饰瓦	屋面	表面层厚度、加热后尺寸变化率、加热后状态、落锤冲击

续表9.2.5

名称	使用部位	检测参数
烧结瓦	屋面	抗渗性能(无釉瓦)、抗冻性能、吸水率
混凝土瓦	屋面	抗渗性能、抗冻性能、吸水率

9.2.6 旧烧结瓦使用前应进行见证取样检测,检测参数应符合本标准第9.2.5条的规定。

9.3 复验批次

9.3.1 同一品种(类型)、同一规格的防水材料,防水卷材进场数量超过100 m^2,防水涂料进场数量超过0.2 t,密封材料进场数量超过0.05 t,止水材料进场数量超过100 m(遇水膨胀止水胶进场数量超过0.05 t),瓦材进场数量超过100件的,应进行复验。

9.3.2 进场的防水卷材应以同一生产厂家、同一品种(类型)、同一规格、同一批号且不超过10 000 m^2(高分子防水片材为5 000 m^2)为同一复验批次。

9.3.3 进场的防水涂料应以同一生产厂家、同一类型、同一规格、同一批号且不超过5 t为同一复验批次(多组分产品按组分配套组批)。

9.3.4 进场的密封材料应以同一生产厂家、同一类型、同一级别、同一品种、同一批号且不超过2 t为同一复验批次(多组分产品按组分配套组批)。

9.3.5 进场的止水材料应以同一生产厂家、同一标记、同一批号为同一复验批次。

9.3.6 进场的瓦材应以同一生产厂家、同一类型、同一规格、同一批号为同一复验批次。

9.3.7 旧烧结瓦使用前见证取样检测的批次应符合下列要求:

1 烧结瓦拆自本工程的以同品种、同规格且使用数量不超过 2 500 件为同一批次。

2 烧结瓦拆自其他工程的以同品种、同规格、颜色基本一致且使用数量不超过 500 件为同一批次。

9.4 取样方法和取样数量

9.4.1 样品应在施工现场随机抽样，同一复验批次的取样次数应不少于 1 次。

9.4.2 防水卷材和瓦材样品应从外观质量和尺寸检验合格的材料中抽取。

9.4.3 防水卷材随机抽取一卷取 2 m^2，距卷材外层卷头 0.5 m 范围内不宜取样；抽取的样品不应折叠，宜卷曲为圆柱形。

9.4.4 单组分防水涂料应随机抽取一整桶(包)，质量不少于 5 kg；多组分防水涂料应按配比随机各抽取一整桶(包)，总质量不少于 10 kg。

9.4.5 密封材料单组分产品由该批产品中随机抽取 3 件包装箱，从每件包装箱中随机抽取 2 支样品，共取 6 支；多组分产品按配比随机抽取原包装一组，共抽取不少于 4 kg。

9.4.6 止水材料中止水带随机抽取 1 m，遇水膨胀橡胶(止水条)随机抽取 2 m，遇水膨胀止水胶随机抽取 5 支。

9.4.7 瓦材的取样方法和数量应符合表 9.4.7 的规定。

表 9.4.7 瓦材取样方法和数量

名称	取样方法和数量
玻纤胎沥青瓦	随机抽取 5 包，每包抽取 1 片并标注编号
合成树脂装饰瓦	随机抽取 1 片，从中截取不少于 1.5 m^2
烧结瓦	随机抽取 20 件
混凝土瓦	在成品堆场随机抽取养护龄期不少于 28 d 的样品 15 片

9.4.8 旧烧结瓦的取样数量宜按本标准第 9.4.7 条的规定执行。

9.5 评定要求

9.5.1 防水卷材的评定应符合表 9.5.1 的规定。

表 9.5.1 防水卷材评定要求

名称	评定标准
高分子防水片材	GB/T 18173.1
自粘聚合物改性沥青防水卷材	GB 23441
湿铺防水卷材	GB/T 35467
预铺防水卷材	GB/T 23457
弹性体改性沥青防水卷材	GB 18242
塑性体改性沥青防水卷材	GB 18243

9.5.2 防水涂料的评定应符合表 9.5.2 的规定。

表 9.5.2 防水涂料评定要求

名称	评定标准
聚合物乳液建筑防水涂料	JC/T 864,JC 1066
聚氨酯防水涂料	GB/T 19250,JC 1066
聚合物水泥防水涂料	GB/T 23445,JC 1066
水乳型沥青防水涂料	JC/T 408,JC 1066
非固化橡胶沥青防水涂料	JC/T 2428
聚合物水泥防水砂浆	JC/T 984
聚合物水泥防水浆料	JC/T 2090
水泥基渗透结晶型防水涂料	GB 18445

9.5.3 密封材料的评定应符合表9.5.3的规定。

表9.5.3 密封材料评定要求

名称	评定标准
硅酮和改性硅酮建筑密封胶	GB/T 14683
聚氨酯建筑密封胶	JC/T 482
聚硫建筑密封胶	JC/T 483

9.5.4 止水材料的评定应符合表9.5.4的规定。

表9.5.4 止水材料评定要求

名称	评定标准
止水带	GB/T 18173.2
遇水膨胀橡胶	GB/T 18173.3
遇水膨胀止水胶	JG/T 312

9.5.5 瓦材的评定应符合表9.5.5的规定。

表9.5.5 瓦材评定要求

名称	评定标准
玻纤胎沥青瓦	GB/T 20474
合成树脂装饰瓦	JG/T 346
烧结瓦	GB/T 21149
混凝土瓦	JC/T 746

9.5.6 旧烧结瓦宜按现行国家标准和行业标准规定的方法进行检测，评定应符合设计要求。

9.5.7 检测参数全部合格，应判定该批产品为合格；有1项参数不合格，应判定该批产品为不合格。

10 建筑节能材料

10.1 一般要求

10.1.1 本章适用于住宅修缮工程中绝热用模塑聚苯乙烯泡沫塑料(EPS)、绝热用挤塑聚苯乙烯泡沫塑料(XPS)、泡沫玻璃绝热制品、泡沫混凝土制品、泡沫混凝土砌块、柔性泡沫橡塑绝热制品、电线电缆、建筑反射隔热涂料等建筑节能材料的进场复验。

10.1.2 本章未提及的建筑节能材料，其检测参数、复验批次、取样方法和取样数量、评定要求应符合本章、相关标准以及设计要求的规定。

10.2 检测参数

10.2.1 用于屋面的绝热用模塑聚苯乙烯泡沫塑料(EPS)进场时，应对表观密度、压缩强度、导热系数(平均温度 25℃)、吸水率、燃烧性能进行复验。

10.2.2 用于屋面的绝热用挤塑聚苯乙烯泡沫塑料(XPS)进场时，应对压缩强度、导热系数(平均温度 25℃)、吸水率、燃烧性能进行复验。

10.2.3 用于屋面的泡沫玻璃绝热制品进场时，应对密度、导热系数[平均温度(25±2)℃]、抗压强度、吸水量进行复验。

10.2.4 用于屋面的泡沫混凝土制品进场时，应对干密度、导热系数、抗压强度、吸水率进行复验。

10.2.5 用于屋面的泡沫混凝土砌块进场时，应对干表观密度、抗压强度、导热系数[平均温度(25±2)℃]进行复验。

10.2.6 用于管道的柔性泡沫橡塑绝热制品进场时，应对表观密度、导热系数（平均温度 25℃）（CY 类）、导热系数（平均温度 50℃）（GW 类）、真空体积吸水率进行复验。

10.2.7 电线电缆进场时，应对导体电阻值进行复验。

10.2.8 建筑反射隔热涂料进场时，应对太阳光反射比、近红外反射比、半球发射率、污染后太阳光反射比变化率进行复验。

10.3 复验批次

10.3.1 同一品种（类型）、同一规格型号、同一等级的建筑节能材料，进场的绝热用模塑聚苯乙烯泡沫塑料（EPS）、绝热用挤塑聚苯乙烯泡沫塑料（XPS）、泡沫玻璃绝热制品、泡沫混凝土制品、泡沫混凝土砌块、建筑反射隔热涂料用于屋面或保温墙面的面积超过 100 m^2，进场的柔性泡沫橡塑绝热板数量超过 100 m^2，进场的柔性泡沫橡塑绝热管数量超过 50 m，进场的电线电缆数量超过 100 m，应进行复验。

10.3.2 进场的绝热用模塑聚苯乙烯泡沫塑料（EPS）、绝热用挤塑聚苯乙烯泡沫塑料（XPS）、泡沫玻璃绝热制品、泡沫混凝土制品、泡沫混凝土砌块应以扣除天窗和采光顶后的每 1 000 m^2 屋面面积所使用的同厂家、同品种产品为同一复验批次。

10.3.3 进场的柔性泡沫橡塑绝热制品应以同一生产厂家、同一材质为同一复验批次。

10.3.4 进场的电线电缆应以同一生产厂家为同一复验批次。

10.3.5 进场的建筑反射隔热涂料用于墙体节能工程时，应以每 6 000 m^2 建筑面积或扣除门窗洞口后的每 5 000 m^2 保温墙面面积所使用的同厂家、同类别、同型号产品为同一复验批次；用于屋面节能工程时，应以扣除天窗、采光顶后的每 1 000 m^2 屋面面积所使用的同厂家、同类别、同型号产品为同一复验批次。

10.4 取样方法和取样数量

10.4.1 样品应在施工现场随机抽样，同一复验批次的取样次数应不少于1次，其中柔性泡沫橡塑绝热制品取样不少于2次。电线电缆同一复验批次，抽取各种规格总数的10%，且不少于2个规格。

10.4.2 泡沫混凝土砌块样品应从外观质量和尺寸偏差检验合格且养护龄期满28 d的材料中抽取。

10.4.3 建筑节能材料的取样方法和数量应符合表10.4.3的规定。

表10.4.3 建筑节能材料取样方法和数量

名称		取样方法和数量
绝热用模塑聚苯乙烯泡沫塑料(EPS)		14块，每块尺寸应≥1 200 mm×600 mm
绝热用挤塑聚苯乙烯泡沫塑料(XPS)		14块，每块尺寸应≥1 200 mm×600 mm
泡沫玻璃绝热制品		10块，每块尺寸应≥400 mm×600 mm
泡沫混凝土制品		8块
泡沫混凝土砌块		8块
柔性泡沫橡塑绝热制品	管	3 m，另取和橡塑绝热管以同一配方、同一工艺、同期生产的相同密度(表观密度偏差±5 kg/m^3)的板0.5 m^2
	板	3 m^2
电线电缆		每个规格，取样长度应≥3 m
建筑反射隔热涂料		1桶(包)，每桶(包)应≥3 kg

10.5 评定要求

10.5.1 建筑节能材料的评定应符合表10.5.1的规定。

表 10.5.1 建筑节能材料评定要求

名称	评定标准
绝热用模塑聚苯乙烯泡沫塑料(EPS)	GB/T 10801.1
绝热用挤塑聚苯乙烯泡沫塑料(XPS)	GB/T 10801.2
泡沫玻璃绝热制品	JC/T 647
泡沫混凝土制品	JG/T 266
泡沫混凝土砌块	JC/T 1062
柔性泡沫橡塑绝热制品	GB/T 17794
电线电缆	DGJ 08—113 GB/T 3956
建筑反射隔热涂料	GB/T 25261 JG/T 235

10.5.2 检测参数全部合格,应判定该批产品为合格;有1项参数不合格,应判定该批产品为不合格。

11 门 窗

11.1 一般要求

11.1.1 本章适用于住宅修缮工程用铝合金门窗和塑料窗等建筑外门窗的进场复验。

11.1.2 本章未提及的门窗，其检测参数、复验批次、取样方法和取样数量、评定要求应符合本章、相关标准以及设计要求的规定。

11.2 检测参数

11.2.1 门窗进场时应对气密性能、水密性能和抗风压性能进行复验。

11.2.2 当设计对门窗保温性能有要求时，还应对门窗传热系数进行复验。

11.3 复验批次

11.3.1 同一材质、同一类型的门窗进场数量超过10樘时，应进行复验。

11.3.2 进场的门窗应以同一生产厂家、同一材质、同一类型、同一型号且数量不超过100樘为同一复验批次。

11.4 取样方法和取样数量

11.4.1 样品应在施工现场随机抽样，同一复验批次的取样次数应不少于1次。

11.4.2 每组样品应随机抽取3樘。

11.5 评定要求

11.5.1 门窗的评定应符合表11.5.1的规定。

表11.5.1 门窗评定要求

名称	评定标准
铝合金门窗	GB/T 8478
建筑用塑料窗	GB/T 28887

11.5.2 检测参数全部合格，应判定该批产品为合格；有1项参数不合格，应判定该批产品为不合格。

12 非金属类给排水、雨水管道

12.1 一般要求

12.1.1 本章适用于住宅修缮工程中冷热水用聚丙烯管材和管件、建筑排水用硬聚氯乙烯(PVC－U)管材和管件、建筑用硬聚氯乙烯(PVC－U)雨落水管材和管件、埋地排水用硬聚氯乙烯(PVC－U)双壁波纹管材、埋地排水用硬聚氯乙烯(PVC－U)加筋管材、埋地用聚乙烯(PE)双壁波纹管材、埋地用聚乙烯(PE)缠绕结构壁管材的进场复验。

12.1.2 本章未提及的非金属类给排水、雨水管道，其检测参数、复验批次、取样方法和取样数量、评定要求应符合本章、相关标准以及设计要求的规定。

12.2 检测参数

12.2.1 冷热水用聚丙烯管材进场时，应对静液压强度(20℃，1 h)、灰分、纵向回缩率、简支梁冲击进行复验；冷热水用聚丙烯管件进场时，应对静液压强度(20℃，1 h)、灰分进行复验。

12.2.2 建筑排水用硬聚氯乙烯(PVC－U)管材进场时，应对密度、维卡软化温度、纵向回缩率、拉伸屈服应力、断裂伸长率、落锤冲击试验进行复验；建筑排水用硬聚氯乙烯(PVC－U)管件进场时，应对密度、维卡软化温度、烘箱试验、坠落试验进行复验。

12.2.3 建筑用硬聚氯乙烯(PVC－U)雨落水管材进场时，应对拉伸强度、断裂伸长率、纵向回缩率、维卡软化温度、耐冲击性能进行复验；建筑用硬聚氯乙烯(PVC－U)雨落水管件进场时，应对维卡软化温度、烘箱试验进行复验。

12.2.4 埋地排水用硬聚氯乙烯(PVC－U)双壁波纹管材、埋地排水用硬聚氯乙烯(PVC－U)加筋管材、埋地用聚乙烯(PE)双壁波纹管材、埋地用聚乙烯(PE)缠绕结构壁管材进场时,应对密度、环刚度、环柔性进行复验。

12.3 复验批次

12.3.1 同一类型和同一规格的管材使用量超过 300 m,进场后应对管材及其配套管件进行复验。

12.3.2 进场的非金属类给排水、雨水管道以同一生产厂家、同一批次、同一类型和同一规格作为同一复验批次。

12.4 取样方法和取样数量

12.4.1 样品应在施工现场随机抽样,同一复验批次的取样次数应不少于 1 次。

12.4.2 非金属类给排水、雨水管道的取样数量应符合表 12.4.2 的规定。

表 12.4.2 非金属类给排水、雨水管道取样数量

名称	取样数量
冷热水用聚丙烯管材	4 段/批,每段取样长度应≥1 m
冷热水用聚丙烯管件	4 个/批;配套管材,3 段/批,每段取样长度应≥1 m
建筑排水用硬聚氯乙烯(PVC－U)管材	6 段/批,每段取样长度应≥1 m
建筑排水用硬聚氯乙烯(PVC－U)管件	10 个/批
建筑用硬聚氯乙烯(PVC－U)雨落水管材	3 段/批,每段取样长度应≥1 m
建筑用硬聚氯乙烯(PVC－U)雨落水管件	5 个/批

续表12.4.2

名称	取样数量
埋地排水用硬聚氯乙烯(PVC-U)双壁波纹管材	2段/批,每段取样长度应≥1 m
埋地排水用硬聚氯乙烯(PVC-U)加筋管材	2段/批,每段取样长度应≥1 m
埋地用聚乙烯(PE)双壁波纹管材	2段/批,每段取样长度应≥1 m
埋地用聚乙烯(PE)缠绕结构壁管材	外径≤300 mm,1段/批,取样长度应≥2 m;300 mm<外径<1 000 mm,2段/批,每段取样长度应≥(外径×3)mm;外径≥1 000 mm,1段/批,取样长度应≥4 m

12.5 评定要求

12.5.1 非金属类给排水、雨水管道的评定应符合表12.5.1的规定。

表12.5.1 非金属类给排水、雨水管道评定要求

名称	评定标准
冷热水用聚丙烯管材	GB/T 18742.2
冷热水用聚丙烯管件	GB/T 18742.3
建筑排水用硬聚氯乙烯(PVC-U)管材	GB/T 5836.1
建筑排水用硬聚氯乙烯(PVC-U)管件	GB/T 5836.2
建筑用硬聚氯乙烯(PVC-U)雨落水管材	QB/T 2480
建筑用硬聚氯乙烯(PVC-U)雨落水管件	
埋地排水用硬聚氯乙烯(PVC-U)双壁波纹管材	GB/T 18477.1
埋地排水用硬聚氯乙烯(PVC-U)加筋管材	GB/T 18477.2
埋地用聚乙烯(PE)双壁波纹管材	GB/T 19472.1
埋地用聚乙烯(PE)缠绕结构壁管材	GB/T 19472.2

12.5.2 检测参数全部合格,应判定该批产品为合格;有1项参数不合格,应判定该批产品为不合格。

13 建筑涂料

13.1 一般要求

13.1.1 本章适用于住宅修缮工程中合成树脂乳液外墙涂料、合成树脂乳液内墙涂料、弹性建筑涂料、合成树脂乳液砂壁状建筑涂料、建筑内外墙用底漆、水性多彩建筑涂料、外墙柔性腻子、建筑外墙用腻子、建筑室内用腻子的进场复验。

13.1.2 本章未提及的建筑涂料，其检测参数、复验批次、取样方法和取样数量、评定要求应符合本章、相关标准以及设计要求的规定。

13.2 检测参数

13.2.1 涂料、底漆进场时应进行复验，复验的检测参数应符合表 13.2.1 的规定。

表 13.2.1 涂料、底漆检测参数

名称		检测参数
合成树脂乳液外墙涂料	外墙底漆	耐碱性(48 h)、透水性
	外墙中涂漆	耐碱性(48 h)、耐洗刷性(1 000 次)
	外墙面漆	对比率(白色和浅色)、耐沾污性(白色和浅色)、耐洗刷性(2 000 次)
合成树脂乳液内墙涂料	内墙底漆	耐碱性(24 h)、VOC 含量、甲醛含量
	内墙面漆	对比率(白色和浅色)、耐洗刷性、VOC 含量、甲醛含量

续表13.2.1

名称		检测参数
弹性建筑涂料	外墙弹性面涂	对比率(白色和浅色)、耐沾污性(白色和浅色)、拉伸强度(标准状态下)、断裂伸长率(标准状态下)
	外墙弹性中涂	耐碱性(48 h)、低温柔性、拉伸强度(标准状态下)、断裂伸长率(标准状态下)
	内墙弹性涂料	对比率(白色和浅色)、拉伸强度(标准状态下)、断裂伸长率(标准状态下)、VOC 含量、甲醛含量
合成树脂乳液砂壁状建筑涂料	内墙型	初期干燥抗裂性、粘结强度(标准状态)、VOC 含量、甲醛含量
	外墙型	初期干燥抗裂性、耐沾污性、粘结强度(标准状态)
建筑内外墙用底漆	内墙用	耐碱性、透水性(成膜型)、VOC 含量、甲醛含量
	外墙用	耐碱性、透水性(成膜型)
水性多彩建筑涂料	内用	耐碱性、VOC 含量、甲醛含量
	外用	耐碱性、耐沾污性

13.2.2 腻子进场时应进行复验,复验的检测参数应符合表 13.2.2 的规定。

表 13.2.2 腻子检测参数

名称		检测参数
外墙柔性腻子		初期干燥抗裂性、打磨性(Ⅰ型)、与砂浆的拉伸粘结强度(标准状态)、柔韧性(标准状态)
建筑外墙用腻子	普通型	初期干燥抗裂性(6 h)、打磨性、粘结强度(标准状态)
	柔性	初期干燥抗裂性(6 h)、打磨性、粘结强度(标准状态)、腻子膜柔韧性
	弹性	初期干燥抗裂性(6 h)、粘结强度(标准状态)
建筑室内用腻子	一般型	初期干燥抗裂性(3 h)、打磨性、粘结强度(标准状态)、VOC 含量、甲醛含量

续表13.2.2

名称		检测参数
建筑室内用腻子	柔韧型	初期干燥抗裂性(3 h)、打磨性、耐水性、粘结强度(标准状态)、柔韧性、VOC含量、甲醛含量
	耐水型	初期干燥抗裂性(3 h)、打磨性、耐水性、粘结强度(标准状态)、粘结强度(浸水后)、VOC含量、甲醛含量

13.3 复验批次

13.3.1 同一品种、同一质量等级的建筑涂料使用量超过0.2 t时,进场后应进行复验。

13.3.2 进场的建筑涂料应以同一生产厂家、同一品种、同一质量等级、同一出厂批次为同一复验批次。

13.4 取样方法和取样数量

13.4.1 样品应在施工现场随机抽样,同一复验批次的取样次数应不少于1次。

13.4.2 单组分建筑涂料应随机抽取一整桶(包),质量不少于3 kg;多组分建筑涂料应按配比随机各抽取一整桶(包)。

13.5 评定要求

13.5.1 建筑涂料的评定应符合表13.5.1的规定。

表13.5.1 建筑涂料评定要求

名称		评定标准
合成树脂乳液外墙涂料	外墙底漆	GB/T 9755
	外墙中涂漆	
	外墙面漆	

续表13.5.1

名称		评定标准
合成树脂乳液内墙涂料	内墙底漆	GB/T 9756,GB 18582
	内墙面漆	
弹性建筑涂料	外墙弹性面涂	JG/T 172
	外墙弹性中涂	
	内墙弹性涂料	JG/T 172,GB 18582
合成树脂乳液砂壁状建筑涂料	内墙型	JG/T 24,GB 18582
	外墙型	JG/T 24
建筑内外墙用底漆	内墙用	JG/T 210,GB 18582
	外墙用	JG/T 210
水性多彩建筑涂料	内用	HG/T 4343,GB 18582
	外用	HG/T 4343
外墙柔性腻子		GB/T 23455
建筑外墙用腻子	普通型	JG/T 157
	柔性	
	弹性	
建筑室内用腻子	一般型	JG/T 298,GB 18582
	柔韧型	
	耐水型	

13.5.2 合成树脂乳液外墙涂料的技术指标按现行国家标准《合成树脂乳液外墙涂料》GB/T 9755 中一等品的要求执行;合成树脂乳液内墙涂料的技术指标按现行国家标准《合成树脂乳液内墙涂料》GB/T 9756 中一等品的要求执行。

13.5.3 检测参数全部合格,应判定该批产品为合格;有1项参数不合格,应判定该批产品为不合格。

14 钢管、扣件

14.1 一般要求

14.1.1 本章适用于住宅修缮工程中扣件式脚手架、模板支撑架等承重支架、材料堆放分隔或防护栏杆用钢管及扣件的进场复验。

14.1.2 扣件式脚手架钢管宜采用 Φ48.3×3.6 mm 的钢管。

14.2 检测参数

14.2.1 钢管进场时，应对外径、壁厚、屈服强度、抗拉强度、断后伸长率、弯曲性能进行复验。

14.2.2 直角扣件进场时，应对抗滑性能、抗破坏性能、扭转刚度性能进行复验。

14.2.3 旋转扣件进场时，应对抗滑性能、抗破坏性能进行复验。

14.2.4 对接扣件进场时，应对抗拉性能进行复验。

14.3 复验批次

14.3.1 进场的钢管应以同一产权单位、同一规格、同批进场为同一复验批次。

14.3.2 进场的扣件应以同一产权单位、同一型式、同批进场且数量不超过 10 000 个为同一复验批次。

14.4 取样方法和取样数量

14.4.1 钢管、扣件的首次检测和复试样品应同时取样。

14.4.2 低压流体输送用焊接钢管应在施工现场同一批次中随机切取 0.6 m×3 根、1.2 m×3 根。

14.4.3 直缝电焊钢管应在施工现场同一批次中随机切取 0.6 m×3 根、1.2 m×6 根。

14.4.4 扣件应在施工现场同一批次中随机抽样，扣件表面不应有氧化皮，附件应完整。

14.4.5 扣件取样数量应符合下列要求：

1 复验批次(281 个～500 个)：直角扣件抽取 32 个样品，旋转、对接扣件各抽取 16 个样品(含复试样品)。

2 复验批次(501 个～1 200 个)：直角扣件抽取 52 个样品，旋转、对接扣件各抽取 26 个样品(含复试样品)。

3 复验批次(1 201 个～10 000 个)：直角扣件抽取 80 个样品，旋转、对接扣件各抽取 40 个样品(含复试样品)。

14.5 评定要求

14.5.1 用于施工现场扣件式钢管脚手架钢管的壁厚应符合现行行业标准《建筑施工扣件式钢管脚手架安全技术规范》JGJ 130 的有关规定，其余检测参数应符合现行国家标准《低压流体用输送焊接钢管》GB/T 3091、《直缝电焊钢管》GB/T 13793 的有关规定。

14.5.2 用于施工现场模板等扣件式钢管支撑承重支架的钢管的壁厚应不小于 3.00 mm，并应与方案计算参数一致，其余检测参数应符合现行国家标准《低压流体用输送焊接钢管》GB/T 3091、《直缝电焊钢管》GB/T 13793 的有关规定。

14.5.3 用于材料堆放分隔或防护栏杆用钢管的壁厚应不小于

2.75 mm，其余检测参数应符合现行国家标准《低压流体用输送焊接钢管》GB/T 3091、《直缝电焊钢管》GB/T 13793 的有关规定。

14.5.4 钢管检测参数全部合格或首次检测不合格后经复试合格的，应判定该批产品为合格；首次检测不合格后经复试仍不合格，应判定该批产品为不合格。

14.5.5 扣件的评定应符合现行国家标准《钢管脚手架扣件》GB 15831 的有关规定。

14.5.6 扣件检测参数全部合格或首次检测不合格后经复试合格的，应判定该批产品为合格；首次检测不合格后复试仍不合格的，应判定该批产品为不合格。

15 建筑外立面附加设施锚固件抗拉拔、抗剪性能

15.1 一般要求

15.1.1 本章适用于住宅修缮工程中空调外机支架、遮阳篷、雨篷、晾衣架、窗台花架等附加设施使用的后置锚固件的抗拉拔、抗剪性能的非破坏性和破坏性现场检测。

15.1.2 当对建筑外立面附加设施锚固施工质量有检测要求时，可进行抗拉拔、抗剪性能非破坏性检测。

15.1.3 当设计要求进行抗拉拔及抗剪性能设计验证、对非破坏性检测结果有疑义或有特殊要求时，应进行破坏性检测。

15.1.4 进场的锚固用胶粘剂，其性能应符合现行国家标准《既有建筑鉴定与加固通用规范》GB 55021 的有关规定。

15.2 抽样要求

15.2.1 建筑外立面附加设施锚固件进行非破坏性和破坏性现场检测时，应以安装于相同基层墙体的、同一品种、同一规格、同一强度等级的锚固件为同一检验批次。

15.2.2 非破坏性检测时，当基层墙体为混凝土结构，抽样数量应按现行行业标准《混凝土结构后锚固技术规程》JGJ 145 的有关规定执行；当基层墙体为砌体结构，抽样数量应符合表 15.2.2 的规定。

表 15.2.2 用于砌体结构构件的锚固件抽样数量

工程部位		检验批的锚固件总数[a]			
		≤500	1 000	2 500	≥5 000
空调外机支架	最小取样数量	5%,且不少于 25 件	3.5%	2.0%	1.5%
遮阳篷		5%,且不少于 15 件	3.5%	2.0%	1.5%
雨篷		5%,且不少于 15 件	3.5%	2.0%	1.5%
晾衣架		5%,且不少于 20 件	3.5%	2.0%	1.5%
窗台花架		5%,且不少于 20 件	3.5%	2.0%	1.5%
其他外部附加设施		5%,且不少于 15 件	3.5%	2.0%	1.5%

注:a. 当锚固件总数介于两栏数量之间时,可按线性内插法确定抽样数量。

15.2.3 破坏性检测时,抽样数量应分别抽取每一检验批锚固件总数的 0.1%,且当基层墙体为混凝土结构时,抽样数量应不少于 5 件,当基层墙体为砌体结构时,抽样数量应不少于 15 件。当设计有其他要求时,可根据设计意见增加检测数量。

15.2.4 胶粘的附加设施锚固件,检测龄期应满足产品固化时间要求。

15.3 检测方法和评定要求

15.3.1 建筑外立面附加设施锚固件的抗拉拔、抗剪性能检测方法应按现行上海市工程建设规范《建筑锚栓抗拉拔、抗剪性能试验方法》DG/TJ 08—003 的有关规定执行。

15.3.2 当非破坏性检测用于评定施工现场锚固质量时,同一检验批锚固件的抗拉拔性能应符合下列规定:

1 试件在持荷期间,锚固件无滑移、基材无裂纹或其他局部损坏迹象出现,且加载装置的荷载示值在 2 min 内无下降或下降幅度不超过 5%时,应评定为合格。

2 一个检验批所抽取的试件全部合格时,该检验批应评定为合格。

3　一个检验批中不合格的试件不超过 5%时，应另抽 3 件试件进行破坏性检测，若检测结果全部合格，该检验批仍可评定为合格。

4　一个检验批中不合格的试件超过 5%时，该检验批应评定为不合格，且不应重做检测。

15.3.3　当破坏性检测用于评定混凝土结构的外立面附加设施锚固质量时，抗拉拔性能应符合现行行业标准《混凝土结构后锚固技术规程》JGJ 145 的有关规定。

15.3.4　当破坏性检测用于评定砌体结构的外立面附加设施锚固质量时，抗拉拔性能应符合下列要求：

$$N_{Rm}^{c} \geqslant [\gamma_{u}] \times N_{sd} \tag{15.3.4-1}$$

$$N_{Rmin}^{c} \geqslant 0.85 N_{Rm}^{c} \tag{15.3.4-2}$$

式中：N_{Rm}^{c}——受检验锚固件极限荷载实测平均值(N)；

N_{Rmin}^{c}——受检验锚固件极限荷载实测最小值(N)；

$[\gamma_{u}]$——锚固荷载检验系数允许值，取 $1.25\gamma_{R}$，锚固连接荷载分项系数 γ_{R} 按表 15.3.4 采用；

N_{sd}——受检验锚固件连接的荷载设计值(N)。

表 15.3.4　各类破坏模式下的锚固连接荷载分项系数规定

项次	锚固破坏类型	符号	分项系数
1	锚栓或锚筋受拉破坏	$\gamma_{M,s}$	1.4
2	锚栓或锚筋拔出破坏	$\gamma_{M,p}$	3.0
3	砌体结构受拉或受剪破坏	$\gamma_{M,m}$	3.0
4	锚栓或锚筋受剪破坏	$\gamma_{Mv,s}$	1.25
5	混合破坏	$\gamma_{M,mp}$	3.0

15.3.5　外立面附加设施锚固件的抗剪性能应满足设计要求。

16 结构混凝土抗压强度

16.1 一般要求

16.1.1 本章适用于住宅修缮工程中结构混凝土抗压强度的现场检测。

16.1.2 住宅修缮工程中结构混凝土抗压强度检测，应采用钻芯修正法或钻芯法进行检测及评定。当同批构件数量小于 6 个时，应采用钻芯法按单个构件进行检测及评定。

16.1.3 进行抗压强度现场检测的结构混凝土，应符合现行上海市工程建设规范《结构混凝土抗压强度检测技术标准》DG/TJ 08—2020 的有关规定。

16.1.4 同一住宅修缮工程中，符合下列条件的构件可作为同批构件进行检测：

1 混凝土强度等级相同。

2 混凝土原材料、配合比、成型工艺、养护条件及龄期基本相同。

3 构件种类相同。

4 在施工阶段所处状态相同。

16.2 抽样要求

16.2.1 检测时宜优先抽取截面高度大于 300 mm 的梁和边长大于 300 mm 的柱。批量检测时，所抽构件应均匀分布。

16.2.2 按单构件检测时，应对相关构件进行全数检测。对同批构件按批抽样检测时，抽取的构件数量应符合现行上海市工程建设规范《结构混凝土抗压强度检测技术标准》DG/TJ 08—2020 的有关规定。

16.2.3 采用钻芯修正法检测时,钻取的芯样数量应符合现行上海市工程建设规范《结构混凝土抗压强度检测技术标准》DG/TJ 08—2020 的有关规定。

16.3 检测方法和评定要求

16.3.1 采用钻芯修正法及钻芯法检测结构混凝土抗压强度时,其检测方法、抗压强度的计算与推定应符合现行上海市工程建设规范《结构混凝土抗压强度检测技术标准》DG/TJ 08—2020 的有关规定。

16.3.2 当抗压强度推定值不小于设计要求的混凝土强度等级时,可评定该批或单个构件的结构混凝土抗压强度合格。

17 结构混凝土氯离子含量

17.1 一般要求

17.1.1 本章适用于住宅修缮工程结构混凝土中水溶性氯离子含量的现场取样检测。

17.1.2 结构混凝土中水溶性氯离子含量的抽样及检测过程中，不应接触外界氯离子源。

17.2 抽样要求

17.2.1 结构混凝土中水溶性氯离子含量检测宜选择结构部位中具有代表性的位置，并可利用测试抗压强度后的破损芯样制作试件。

17.2.2 结构混凝土中水溶性氯离子含量检测以同一单位工程、同一生产厂家、同一强度等级、同一配合比的混凝土为一检验批，每个检验批至少抽取一组芯样进行检测，每组芯样的取样数量不少于3个。

17.2.3 当结构部位已经出现顺筋裂缝或其他明显劣化现象时，取样数量应增加1倍。

17.2.4 水溶性氯离子含量检测的取样深度不应小于钢筋保护层厚度。

17.3 检测方法和评定要求

17.3.1 在同一组混凝土每个芯样内部各取不少于200 g、等质量的混凝土试件，将所取混凝土试件破碎后去除粗骨料，混合均匀后按国家标准《建筑结构检测技术标准》GB/T 50344—2019 中附录 H 的有关规定进行检测。

17.3.2 结构混凝土中水溶性氯离子含量应符合设计要求和现行国家标准《混凝土结构通用规范》GB 55008 的有关规定。

18 抹灰层现场拉伸粘结强度

18.1 一般要求

18.1.1 本章适用于住宅修缮工程中墙面和顶棚抹灰层拉伸粘结强度现场检测。

18.1.2 抹灰层现场拉伸粘结强度检测应在抹灰层施工完成28 d后进行。

18.2 抽样要求

18.2.1 内墙抹灰砂浆以同一生产厂家、同一品种、同一强度等级、同一施工工艺和同类基层且施工面积不超过2 500 m^2 的抹灰工程为一个检验批，每个检验批至少取一组试件进行检测。

18.2.2 外墙、顶棚抹灰砂浆以同一生产厂家、同一品种、同一强度等级、同一施工工艺和同类基层且施工面积不超过1 500 m^2 的抹灰工程为一个检验批，每个检验批至少取一组试件进行检测。

18.2.3 取样部位的抹灰层应无脱层、空鼓和裂缝。

18.2.4 取样部位的抹灰层面积不应小于2 m^2，每组取样数量应为7个。

18.3 检测方法和评定要求

18.3.1 抹灰层现场拉伸粘结强度检测应按行业标准《抹灰砂浆技术规程》JGJ/T 220—2010中附录A的有关规定执行。

18.3.2 抹灰层现场拉伸粘结强度应按验收批进行评定，同一验收批由同一生产厂家、同一品种、同一强度等级、同一工程部位、同一施工工艺和同类基层的若干检验批构成。

18.3.3 同一验收批的抹灰层现场拉伸粘结强度平均值不应小于表 18.3.3 中的规定值，且最小值不应小于表 18.3.3 中规定值的 0.85 倍。当同一验收批拉伸粘结强度检测数量少于 3 组时，每组试件拉伸粘结强度不应小于表 18.3.3 中的规定值。

表 18.3.3 抹灰砂浆拉伸粘结强度规定值

工程部位	拉伸粘结强度规定值(MPa)
内墙抹灰砂浆	0.15
外墙、顶棚抹灰砂浆	0.25

本标准用词说明

1 为了便于在执行本标准条文时区别对待，对要求严格程度不同的用词说明如下：

1) 表示很严格，非这样做不可的用词：
正面词采用“必须”；
反面词采用“严禁”。

2) 表示严格，在正常情况下均应这样做的用词：
正面词采用“应”；
反面词采用“不应”或“不得”。

3) 表示允许稍有选择，在条件许可时首先应这样做的用词：
正面词采用“宜”；
反面词采用“不宜”。

4) 表示有选择，在一定条件下可以这样做的用词，采用“可”。

2 条文中指明应按其他有关标准、规范执行时的写法为“应符合……的规定”或“应按……执行”。

引用标准名录

1 《碳素结构钢》GB/T 700
2 《钢筋混凝土用钢　第1部分:热轧光圆钢筋》GB/T 1499.1
3 《钢筋混凝土用钢　第2部分:热轧带肋钢筋》GB/T 1499.2
4 《低合金高强度结构钢》GB/T 1591
5 《低压流体输送用焊接钢管》GB/T 3091
6 《电缆的导体》GB/T 3956
7 《建筑排水用硬聚氯乙烯(PVC-U)管材》GB/T 5836.1
8 《建筑排水用硬聚氯乙烯(PVC-U)管件》GB/T 5836.2
9 《数值修约规则与极限数值的表示和判定》GB/T 8170
10 《普通混凝土小型砌块》GB/T 8239
11 《铝合金门窗》GB/T 8478
12 《合成树脂乳液外墙涂料》GB/T 9755
13 《合成树脂乳液内墙涂料》GB/T 9756
14 《绝热用模塑聚苯乙烯泡沫塑料(EPS)》GB/T 10801.1
15 《绝热用挤塑聚苯乙烯泡沫塑料(XPS)》GB/T 10801.2
16 《蒸压加气混凝土砌块》GB/T 11968
17 《直缝电焊钢管》GB/T 13793
18 《硅酮和改性硅酮建筑密封胶》GB/T 14683
19 《轻集料混凝土小型空心砌块》GB/T 15229
20 《钢管脚手架扣件》GB 15831
21 《柔性泡沫橡塑绝热制品》GB/T 17794
22 《高分子防水材料　第1部分:片材》GB/T 18173.1

23 《高分子防水材料　第2部分:止水带》GB/T 18173.2
24 《高分子防水材料　第3部分:遇水膨胀橡胶》GB/T 18173.3
25 《弹性体改性沥青防水卷材》GB 18242
26 《塑性体改性沥青防水卷材》GB 18243
27 《水泥基渗透结晶型防水材料》GB 18445
28 《埋地排水用硬聚氯乙烯(PVC-U)结构壁管道系统　第1部分:双壁波纹管材》GB/T 18477.1
29 《埋地排水用硬聚氯乙烯(PVC-U)结构壁管道系统　第2部分:加筋管材》GB/T 18477.2
30 《建筑用墙面涂料中有害物质限量》GB 18582
31 《冷热水用聚丙烯管道系统　第2部分:管材》GB/T 18742.2
32 《冷热水用聚丙烯管道系统　第3部分:管件》GB/T 18742.3
33 《聚氨酯防水涂料》GB/T 19250
34 《埋地用聚乙烯(PE)结构壁管道系统　第1部分:聚乙烯双壁波纹管材》GB/T 19472.1
35 《埋地用聚乙烯(PE)结构壁管道系统　第2部分:聚乙烯缠绕结构壁管材》GB/T 19472.2
36 《玻纤胎沥青瓦》GB/T 20474
37 《混凝土实心砖》GB/T 21144
38 《烧结瓦》GB/T 21149
39 《自粘聚合物改性沥青防水卷材》GB 23441
40 《聚合物水泥防水涂料》GB/T 23445
41 《外墙柔性腻子》GB/T 23455
42 《预铺防水卷材》GB/T 23457
43 《非承重混凝土空心砖》GB/T 24492
44 《预拌砂浆》GB/T 25181

45 《建筑用反射隔热涂料》GB/T 25261
46 《承重混凝土多孔砖》GB/T 25779
47 《建筑用塑料窗》GB/T 28887
48 《湿铺防水卷材》GB/T 35467
49 《普通混凝土拌合物性能试验方法标准》GB/T 50080
50 《混凝土物理力学性能试验方法标准》GB/T 50081
51 《普通混凝土长期性能和耐久性能试验方法标准》GB/T 50082
52 《混凝土强度检验评定标准》GB/T 50107
53 《砌体结构工程施工质量验收规范》GB 50203
54 《混凝土结构工程施工质量验收规范》GB 50204
55 《木结构工程施工质量验收规范》GB 50206
56 《建筑地面工程施工质量验收规范》GB 50209
57 《民用建筑工程室内环境污染控制标准》GB 50325
58 《建筑结构检测技术标准》GB/T 50344
59 《建筑结构加固工程施工质量验收规范》GB 50550
60 《工程结构加固材料安全性鉴定技术规范》GB 50728
61 《混凝土结构现场检测技术标准》GB/T 50784
62 《混凝土结构通用规范》GB 55008
63 《既有建筑鉴定与加固通用规范》GB 55021
64 《水性多彩建筑涂料》HG/T 4343
65 《水乳型沥青防水涂料》JC/T 408
66 《聚氨酯建筑密封胶》JC/T 482
67 《聚硫建筑密封胶》JC/T 483
68 《蒸压灰砂多孔砖》JC/T 637
69 《泡沫玻璃绝热制品》JC/T 647
70 《混凝土瓦》JC/T 746
71 《聚合物乳液建筑防水涂料》JC/T 864
72 《蒸压加气混凝土墙体专用砂浆》JC/T 890

73 《混凝土界面处理剂》JC/T 907
74 《聚合物水泥防水砂浆》JC/T 984
75 《建筑防水涂料中有害物质限量》JC 1066
76 《聚合物水泥防水浆料》JC/T 2090
77 《非固化橡胶沥青防水涂料》JC/T 2428
78 《非承重蒸压灰砂空心砌块和蒸压灰砂空心砖》JC/T 2489
79 《合成树脂乳液砂壁状建筑涂料》JG/T 24
80 《建筑外墙用腻子》JG/T 157
81 《弹性建筑涂料》JG/T 172
82 《建筑内外墙用底漆》JG/T 210
83 《建筑反射隔热涂料》JG/T 235
84 《泡沫混凝土》JG/T 266
85 《建筑室内用腻子》JG/T 298
86 《遇水膨胀止水胶》JG/T 312
87 《合成树脂装饰瓦》JG/T 346
88 《城镇道路工程施工与质量验收规范》CJJ 1
89 《钢筋焊接及验收规程》JGJ 18
90 《建筑砂浆基本性能试验方法》JGJ/T 70
91 《钢筋机械连接技术规程》JGJ 107
92 《既有建筑地基基础加固技术规范》JGJ 123
93 《混凝土结构后锚固技术规程》JGJ 145
94 《混凝土耐久性检验评定标准》JGJ/T 193
95 《抹灰砂浆技术规程》JGJ/T 220
96 《木结构现场检测技术标准》JGJ/T 488
97 《建筑用硬聚氯乙烯(PVC-U)雨落水管材及管件》QB/T 2480
98 《建筑锚栓抗拉拔、抗剪性能试验方法》DG/TJ 08—003
99 《建筑节能工程施工质量验收规程》DGJ 08—113

100 《结构混凝土抗压强度检测技术标准》DG/TJ 08—2020

101 《商品砌筑砂浆现场检测技术规程》DG/TJ 08—2021

102 《建筑反射隔热涂料应用技术规程》DG/TJ 08—2200

上海市工程建设规范

住宅修缮工程质量检测及评定标准

DG/TJ 08—2431—2023

J 16998—2023

条 文 说 明

2023 上海

目　次

Contents

1 总 则

1.0.1 住宅修缮工程质量检测是指检测机构接受委托，对住宅修缮工程涉及结构安全、主要使用功能的检测项目，进入施工现场的住宅修缮工程材料以及工程实体质量等进行的检测。住宅修缮工程质量检测是监督工程质量的主要技术手段，是住宅修缮工程质量的重要技术保证。编制本标准的目的是统一本市住宅修缮工程质量检测及评定要求，规范住宅修缮工程质量检测工作，确保住宅修缮工程的质量，保障居民的生命安全。

1.0.2 本标准适用的住宅修缮工程主要包括多高层住宅屋面及相关设施改造、里弄房屋修缮改造、居住类优秀历史建筑修缮、不成套职工住宅贴扩建改造、拆除重建改造、里弄房屋内部整体改造等工程，检测类别包括住宅修缮工程材料检测和工程实体质量检测。非居住类历史建筑的修缮工程质量检测和评定可参照执行。

本标准应与现行上海市工程建设规范《住宅修缮工程施工质量验收规程》DG/TJ 08—2261 配套使用。进入住宅修缮工程施工现场建筑材料的复验和因设计验证、材料不合格处理、工程施工质量争议等需要进行的工程实体质量检测及市、区两级修缮管理部门组织的住宅修缮工程材料监督抽检，应按照本标准的相关规定执行。

1.0.3 住宅修缮工程质量检测及评定综合性强、涉及面广，本标准未涉及的内容应执行国家、行业和本市现行有关标准的规定。与本标准密切相关的现行标准有：《既有建筑维护与改造通用规范》GB 55022、《木结构通用规范》GB 55005、《民用建筑修缮工程施工标准》JGJ/T 112、《民用建筑修缮工程查勘与设计标准》JGJ/T 117、《住宅修缮工程施工质量验收规程》DG/TJ 08—2261 和《房屋修缮工程技术规程》DG/TJ 08—207 等。

3 基本规定

3.0.1 本市住宅修缮工程中不应使用国家和相关主管部门向社会公布禁止使用的建筑材料及制品。

3.0.2 应优先选用住建部和市住建委发布的重点推广应用新技术目录中的新技术和新材料。新技术和新材料的应用,可以使住宅修缮工程的质量、使用年限及使用功能等多方面性能得到有效的提升;鼓励绿色低碳建材的广泛使用可以促进经济社会发展全面绿色转型,落实碳达峰、碳中和目标任务。

3.0.3 历史建筑修缮过程中,为保留建筑原有风貌,可能会使用旧材料,所拆旧材料经检测,其质量及使用部位应符合设计要求和有关规定。

3.0.4 本条规定住宅修缮工程材料进场后,应在外观质量检查和质量证明文件核查符合要求的基础上,根据本标准要求进行见证取样检测,检测合格后方可使用。对进场材料进行复验,是为保障住宅修缮工程质量采取的一种确认方式,避免不合格材料用于住宅修缮工程,也有助于解决提供样品与实际供货质量不一致的问题。

3.0.5 本条规定了钢筋、钢筋连接接头,混凝土,块体,木结构用材,砂浆,防水材料,建筑节能材料,门窗,非金属类给排水、雨水管道,建筑涂料,钢管、扣件等住宅修缮工程材料在进场时应按照本标准相关章节的规定进行复验。当有需要时,可增加其他材料种类或者检测参数的复验。在确定需复验的材料种类和检测参数时,主要考虑了工程结构安全、人体健康安全、节能环保和重要使用功能等影响因素;复验批次、取样方法和取样数量、评定要求主要依据相关标准的要求并结合本市住宅修缮工程实际情况制定。

市、区两级修缮管理部门组织的住宅修缮工程材料监督抽检，抽样方法、抽样批次、评定要求可按本标准各章节执行，抽样数量和检测参数可根据其管理需要进行调整。

3.0.6 本条规定的目的是解决同一施工单位施工的工程中，同一厂家生产的同品种、同规格、同批进场材料可能用于多个单位工程的情况，避免由于单位工程规模较小，出现针对同批材料多次重复复验的情况。

3.0.7 本条规定了用于复验的住宅修缮工程材料的取样要求，确保抽取的样品或制作的试件符合检测的要求。

3.0.8 本条规定了进行住宅修缮工程质量检测时的抽样要求。随机抽样，是指总体中的每个样本都具有相同的被抽到的概率；分布均匀，是指被抽取的样本在总体样本中的分布应大致均匀；具有代表性，是指被抽取的样本质量能够代表大多数样本的总体质量情况。

3.0.9 本条规定了本标准中工程实体质量检测的适用范围。因材料不合格处理、工程施工质量争议等需要，可以开展工程实体质量检测，确保工程实体质量。

3.0.10 本条规定了检测机构应按评定标准规定的检测方法实施检测。

3.0.11 本条规定了在评定检测结果是否符合相关标准及设计要求时，应将检测结果按照相关标准的要求进行修约。相关标准未规定修约的，其数值修约应符合现行国家标准《数值修约规则与极限数值的表示和判定》GB/T 8170 的规定。

3.0.12 本条规定了住宅修缮工程材料检测结果评定时应符合的几点规定：

1 合同约定的评定标准为团体标准或企业标准的，其技术要求不得低于本标准各章的评定要求和设计要求。

2 同一样品委托方应一次委托全部检测参数的检测，确保样品的真实性。检测机构出具检测报告时,不得随意删除不合格检测参数。

3 现场成型的砂浆、混凝土强度试件,检测报告中应给出用于检验批强度评定的强度值,其他样品的检测报告中应给出是否符合评定标准的检测结论。

3.0.14 现行上海市工程建设规范《建筑反射隔热涂料应用技术规程》DG/TJ 08—2200 对反射隔热涂料现场实体检测进行了规定,因此本标准不再进行重复规定。

3.0.15 现行行业标准《既有建筑地基基础加固技术规范》JGJ 123 对既有建筑地基基础加固的检测进行了规定,因此本标准不再进行重复规定。

3.0.16 现行国家标准《建筑结构加固工程施工质量验收规范》GB 50550、《工程结构加固材料安全性鉴定技术规范》GB 50728 对用于结构补强的加固材料、制品进场后复验及相关工程实体质量检测进行了规定,因此本标准不再进行重复规定。

3.0.17 室内装饰修缮工程应根据设计要求对装饰装修材料有害物质以及甲醛、苯、甲苯、二甲苯及 TVOC 等室内环境污染物进行检测。

3.0.18 小区道路修缮工程应根据设计要求对混凝土面层质量、沥青混合料面层质量进行检测。

4 钢筋、钢筋连接接头

4.1 一般要求

4.1.1 本条规定了本章的适用范围，主要包括钢筋、钢筋焊接接头和钢筋机械连接接头。

4.1.2 本章未提及的钢筋，可按本章和产品标准要求对其力学性能、工艺性能、重量偏差等进行复验，复验批次、取样方法和取样数量、评定要求应符合相关标准的要求，如果设计提出了更高的要求，还应该符合设计要求。

4.2 检测参数

4.2.1～4.2.3 钢筋对混凝土结构的承载能力至关重要，钢筋进场时应依据现行国家标准《混凝土结构工程施工质量验收规范》GB 50204 的相关规定，对其力学性能、工艺性能、重量偏差进行复验。带肋钢筋进行弯曲试验时，可用反向弯曲试验代替弯曲试验。对于有抗震要求的牌号带 E 的带肋钢筋，还应对最大力总延伸率、强屈比、超屈比进行复验。

4.2.4 本条规定了盘卷钢筋调直后力学性能和重量偏差的复验要求，用于住宅修缮工程的调直钢筋应按本条规定执行。施工单位在工程现场自行加工调直钢筋的，盘条原材复验合格后方可进行加工；在场外由调直加工企业进行加工的调直钢筋，进场时应具备相关质量证明材料，并对外购的调直钢筋进行复验。

为了加强对调直后钢筋性能质量的控制，防止冷拉加工过度改变钢筋的力学性能，工程现场自行加工用钢筋调直机械设备应由施工单位检查并经监理单位确认其是否有延伸功能的判定，当不能判定或对判定结果有争议时，应按本条规定进行复验。

4.2.5 在住宅修缮工程开工或者每批钢筋正式焊接之前，无论采用何种焊接工艺方法，均应采用与生产相同条件进行焊接工艺试验，以便了解钢筋焊接性能，选择最佳焊接参数，以及掌握担负生产的焊工的技术水平。同一焊工、同一牌号、同一规格、同一焊接工艺的钢筋焊接接头应进行焊接工艺试验，其检测参数，试件数量和要求应与本标准复验的规定相同；若第一次未通过，应改进工艺，调整参数，直至合格为止。

4.2.6～4.2.8 钢筋电弧焊接头、钢筋电渣压力焊接头、预埋件钢筋T形接头、钢筋闪光对焊接头、非纵向受力箍筋闪光对焊接头、钢筋气压焊接头的检测应按现行行业标准《钢筋焊接及验收规程》JGJ 18 的有关规定进行，每批次的钢筋焊接接头在施工现场应分批进行外观质量检查和力学性能复验取样。

4.2.9 钢筋机械连接接头工艺检验主要检验接头技术提供单位采用的接头类型（如剥肋滚轧直螺纹接头、镦粗直螺纹接头）和接头型式（如标准型、异径型等）、加工工艺参数是否与本工程中进场钢筋相适应，以提高实际工程中抽样试件的合格率，减少在工程应用后发现问题造成的经济损失。施工过程中如更换钢筋生产厂、改变接头加工工艺或接头技术提供单位，应补充进行工艺检验。

行业标准《钢筋机械连接技术规程》JGJ 107—2016 规定，钢筋进行接头工艺检验不合格时，允许调整工艺后重新检测而不必按复试规则对待。

4.3 复验批次

4.3.1 本条规定了热轧光圆钢筋、热轧带肋钢筋的进场复验组批要求。热轧光圆钢筋、热轧带肋钢筋的复验批次依据现行国家标准《混凝土结构工程施工质量验收规范》GB 50204 的相关规定，并结合住宅修缮工程堆放地点狭小，热轧光圆钢筋、热轧带肋钢筋且使用量较少的实际情况提出本条规定。

4.3.2 本条规定了调直钢筋的进场复验组批要求。调直钢筋的加工形式分为加工企业调直和施工单位自行加工调直。

钢筋加工企业应严格按相关标准进行加工，并对加工后的钢筋质量负责，施工单位要严格执行外加工钢筋检测制度，以同一加工厂家、同一牌号、同一规格且重量不超过 30 t 为同一复验批次；施工单位自行加工的调直钢筋应按现行国家标准《混凝土结构工程施工质量验收规范》GB 50204 的有关规定执行，以同一加工设备、同一牌号、同一规格且重量不超过 30 t 为同一复验批次。

4.4 取样方法和取样数量

4.4.1 钢筋的复试应按现行国家标准《钢筋混凝土用钢　第 1 部分：热轧光圆钢筋》GB/T 1499.1 和《钢筋混凝土用钢　第 2 部分：热轧带肋钢筋》GB/T 1499.2 的有关规定执行。除重量偏差外，钢筋首次检测不合格后应进行双倍复试。钢筋连接接头的复试应按现行行业标准《钢筋焊接及验收规程》JGJ 18 和《钢筋机械连接技术规程》JGJ 107 的有关规定执行。为确保试件的真实性和代表性，本标准规定钢筋、钢筋连接接头的首次检测和双倍复试试件应同时取样。

4.4.2 为确保钢筋试件的代表性，取样时应在不同根（盘）钢筋上截取，钢筋两端会受到出厂时切割、碰撞等影响因素，导致产生内应力影响强度，宜切去后再进行取样。

4.4.6 本条规定了钢筋、钢筋连接接头取样数量和尺寸，取样长度还应同时满足检测设备的要求。

4.5 评定要求

4.5.3 钢筋连接接头的评定应按现行行业标准《钢筋焊接及验收规程》JGJ 18、《钢筋机械连接技术规程》JGJ 107 的有关规定执行。钢筋焊接接头检测中,若 3 个试件均断于焊缝,呈脆性断裂,有 1 个试件抗拉强度小于钢筋母材抗拉强度标准值的 1.0 倍,应评定该检验批接头拉伸试验不合格;若有 1 个试件断于钢筋母材,且呈脆性断裂;或有 1 个试件断于钢筋母材,其抗拉强度又小于钢筋母材抗拉强度标准值,应视该项试验为无效,并检验钢筋母材的化学成分和力学性能。

钢筋机械连接接头检测中,若仅有 1 个试件抗拉强度不符合要求时,允许进行复试;当出现 2 个或 3 个抗拉强度不合格试件时,应直接评定该组不合格。

5 混凝土

5.1 一般要求

5.1.1 本章适用于平改坡、坡改坡、拆除重建改造、外立面改造、厨卫改造、小区环境整治、里弄房屋内部整体改造、地下室、污水池、水箱地坪、屋面结构用普通混凝土的进场复验。

小区道路修缮工程用混凝土的进场复验应按本标准第 3.0.18 条的规定执行。

5.1.2 混凝土拌合物发生离析，将影响其和易性和匀质性，以及硬化以后的强度和表面质量。为如实反映施工中混凝土的强度，制作混凝土抗压强度试块的拌合物稠度应符合设计和施工方案的要求。

5.1.3 用于评定的混凝土强度试件，应采用标准方法成型，之后置于标准养护条件下进行养护，直至设计规定的龄期。为改善混凝土性能并实现节能减排，目前多数混凝土中掺有矿物掺合料，掺有矿物掺合料混凝土的强度与不掺矿物掺合料的混凝土相比，早期强度偏低，而后期强度发展较快。为充分反映掺加矿物掺合料混凝土的后期强度，本条规定了混凝土强度进行评定时可以采用 28 d 龄期，也可以大于 28 d(如 60 d 或 90 d)，具体龄期可按设计规定执行。

5.1.4 混凝土抗水渗透性能检测时，应由设计确认混凝土抗水渗透性能检测用标准养护试件的龄期；当设计未对抗渗龄期作规定时，标准养护试件的龄期不应低于 28 d。考虑到 28 d 龄期之后适当延长龄期对抗渗性能试验结果影响不大以及检测机构抗渗设备的配置问题，同时兼顾住宅修缮工程施工周期普遍较短的特点，抗水渗透性能检测龄期过长可能影响工程项目的竣工验收，因此本条同时规定标准养护试件的龄期不宜大于 60 d。

5.1.5 混凝土中水溶性氯离子含量检测时，应由设计确认混凝土中水溶性氯离子含量检测用标准养护试件的龄期。当设计并未作规定时，宜根据现行行业标准《混凝土中氯离子含量检测技术规程》JGJ/T 322 选用标准养护 28 d 的试件。

5.2 检测参数

5.2.1 混凝土浇筑时应留置混凝土标准养护试块，确认混凝土强度等级是否符合设计要求。在混凝土中，水泥、骨料、外加剂和拌合用水等都可能含有氯离子，可能引起混凝土结构中钢筋的锈蚀，因此应严格控制其氯离子含量。现行国家标准《混凝土结构通用规范》GB 55008 中对混凝土中水溶性氯离子最大含量根据混凝土所处的环境条件提出了控制要求。

5.2.2 有防水性能要求的如水箱、地下室、污水池等工程部位应根据设计要求进行抗水渗透性能复验。当设计未作规定时，可不进行检测。

5.3 复验批次

5.3.1,5.3.2 根据住宅修缮工程实际情况，结合现行国家标准《混凝土结构工程施工质量验收规范》GB 50204、《地下防水工程质量验收规范》GB 50208 的相关规定，对用于抗压强度、抗水渗透性能复验的混凝土复验批次作出规定。

5.3.3 在混凝土中，水泥、骨料、外加剂和拌合用水等都有可能含有氯离子，可能引起混凝土结构中钢筋的锈蚀，从而影响混凝土结构的长期耐久性能，应严格控制其氯离子含量。混凝土中水溶性氯离子含量的复验批次根据上海地区对硬化混凝土氯离子含量控制的相关要求，结合住宅修缮工程中混凝土用量较小、浇筑楼层多的特点，提出本条规定。

5.4 取样方法和取样数量

5.4.3 本条规定了混凝土试件的制作要求。

5.4.6 本条规定了混凝土抗压强度试件、混凝土抗水渗透试件、混凝土中水溶性氯离子含量试件的养护要求。试件成型后应在温度为 20℃±5℃、相对湿度大于 50%的室内静置 1 d～2 d，试件静置期间应避免受到振动和冲击，静置后编号标记、拆模。试件拆模后应立即放入温度为 20℃±2℃、相对湿度为 95%以上的标准养护室（箱）中养护，或在温度为 20℃±2℃的不流动氢氧化钙饱和溶液中养护。施工现场应根据住宅修缮工程的现场条件及养护试件数量，配置标准养护室（箱），标准养护室（箱）应配备温湿度计以及合适的控温、保湿设备和设施，施工单位每天应做好温湿度记录。

5.4.7 对硬化混凝土中水溶性氯离子含量的试件养护时，应关注养护环境中的氯离子含量情况，避免因外界氯离子源的接触，影响检测结果。

5.4.8 本条规定了混凝土试件标准养护期间，施工单位应确保试件养护条件符合相关标准的规定，并养护至规定龄期后送检。

根据上海地区对建设工程检测的管理要求，施工单位的取样人员应按照技术标准，对进入施工现场的原材料、中间产品抽取或者制作检测试样。施工现场检测试样的抽取、制作以及对建设工程实体的现场检测，应按照规定在监理单位或者建设单位的见证人员监督下实施。

混凝土试件养护是混凝土制作的一个重要环节，混凝土试件如由其他单位代养护，施工单位和监理单位将无法按规定履行见证取样职责，一旦发生质量争议将无法分清质量责任。

5.5 评定要求

5.5.3 未按规定制作混凝土强度试件、强度评定不合格、强度检测结果无效或对强度试件检测结果存在疑义时，应委托具有资质的检测机构按国家现行相关标准的规定对结构构件中的混凝土强度进行推定，作为结构是否需要处理的依据。

5.5.4 采用逐级加压法测得的抗水渗透等级在我国有着广泛的应用。用于不同工程的混凝土所需要的耐久性能不同，应按设计要求来确定复验结果，并按现行行业标准《混凝土耐久性检验评定标准》JGJ/T 193 进行评定。

5.5.6 混凝土中水溶性氯离子含量的限值应符合现行国家标准《混凝土结构通用规范》GB 55008 的要求。混凝土中水溶性氯离子含量检测的复验批次、取样方法和取样数量应按照本标准的有关规定执行，检测方法宜按照现行国家标准《建筑结构检测技术标准》GB/T 50344 中混凝土氯离子含量测定方法的有关规定执行。计算水溶性氯离子含量时，辅助胶凝材料的量不应大于硅酸盐水泥的量。

6 块 体

6.1 一般要求

6.1.1 本条规定了住宅修缮工程中块体质量检测评定的适用范围。由于部分住宅修缮工程中存在旧砖再利用的情况，为合理使用旧砖，保障住宅修缮工程质量，应在使用前按本章规定对旧砖的性能进行检测。

6.1.2 块体出厂时，其产品龄期应符合相关产品标准的要求。对新购块体进行进场验收时，应对其龄期进行确认。

6.1.3 依据现行国家标准《砌体结构通用规范》GB 55007、现行行业标准《民用建筑修缮工程查勘与设计标准》JGJ/T 117 的相关规定，结合住宅修缮工程旧砖的使用现状，提出本条规定。

6.1.4 对本章未列出的其他块体，可根据本章要求的检测参数及复验批次进行质量控制，用于承重墙的块体进场时应对抗压强度进行复验，用于非承重墙的块体进场时应对抗压强度、体积密度进行复验，取样方法和取样数量、评定要求应符合相关标准的要求，如果设计提出了更高的要求，还应符合设计要求。

6.2 检测参数

6.2.3 根据现行国家标准《砌体结构通用规范》GB 55007、现行行业标准《民用建筑修缮工程施工标准》JGJ/T 112 和《民用建筑修缮工程查勘与设计标准》JGJ/T 117 的相关规定，旧砖使用前应取样送检。

6.3 复验批次

6.3.1 本条对新购块体进场后需进行复验的最小数量及组批要求进行了规定。

少数住宅修缮工程存在用于局部拆砌或修补的块体材料使用量较少、检测所需样品数量占进场材料总数比例较大、检测费用高于进场材料费用等情况，因此规定零星使用的块体材料在外观质量检查和质量证明文件核查符合要求的基础上可以不进行复验。综合考虑修缮施工进度和经济性等因素，将同一品种、同一强度等级、同一规格砖的零星用量界限定为500块；同一品种、同一强度等级、同一规格砌块的零星用量界限定为200块。

由于住宅修缮工程受住户影响较大，材料堆放地点狭小，块体使用量较少，根据住宅修缮工程实际情况，对进场的砖、砌块的复验批次作出规定。对不同时间进场的同一生产厂家、同一品种、同一强度等级、同一规格块体，当确有同一批号的可靠依据时，可按一次进场的块体处理，其取样方法和取样数量应按本标准的相关规定进行。

6.3.2 根据现行行业标准《民用建筑修缮工程施工标准》JGJ/T 112、现行上海市工程建设规范《住宅修缮工程施工质量验收规程》DG/TJ 08—2261中的相关规定，结合本市住宅修缮工程旧砖的使用现状，提出本条规定。

旧砖用于承重墙时，应重点关注。旧砖由于生产年代久远，无法追溯其强度等级和质量证明材料，对拆自本工程的再利用的旧砖，其生产年代、强度等级具备一致性条件，而拆自其他工程的再利用的旧砖，其生产年代、强度等级具有不确定性和离散性，见证取样检测的批次结合上海市住宅修缮工程旧砖的使用现状提出要求。

6.4 取样方法和取样数量

6.4.2 根据产品标准的要求，块体的取样应在外观质量和尺寸偏差合格的样品中进行抽取。旧材料再利用的旧砖，其外观质量应符合本标准第 6.1.3 条的要求。

6.4.3 规定了不同的块体产品现场的取样数量。为确保样品的真实性和代表性，蒸压加气混凝土砌块抽取复验试样时，应抽取原块样品。

6.4.4 再利用的旧砖，其复验的取样方法和数量宜按现行相关国家标准和行业标准的规定进行，或由相关单位协商确认。

6.5 评定要求

6.5.2 旧砖使用前应进行见证取样检测，检测方法宜按现行国家、行业标准规定的方法进行，或由相关单位协商确认。再利用旧砖的评定应符合设计要求或依据现行国家标准《砌体结构通用规范》GB 55007 的相关规定，由设计单位按检测结果确定使用部位。

7　木结构用材

7.1　一般要求

7.1.1　本条规定了住宅修缮工程中木结构用材质量检测及评定的适用范围。方木与原木结构、胶合木结构及轻型木结构是木结构常用结构，根据前期调研数据显示，方木与原木结构在住宅修缮工程中使用最为普遍。由于部分住宅修缮工程中存在旧木材再利用的情况，为合理使用旧材料，保障住宅修缮工程质量，应在使用前按本章规定对原有旧木材的性能进行见证取样检测。

7.1.2，7.1.3　木结构工程的主要材料包括方木、原木、规格材、层板胶合木、结构复合材、木基结构板材、承重钢构件、连接用钢材、加固结构胶和加固纤维复合材等，这些材料都涉及木结构的安全和使用功能，因此要求上述材料在进场时均需提供质量证明文件，且材料质量应符合设计文件规定。除方木与原木外，其他木材与木产品在进场时还应提供产品标识。结构用方木、原木等天然木材、胶合木结构、轻型木结构构件进场时，供应商提供的质量证明文件应包括树种（含产地）、材质等级、含水率等检测参数，其他修换或修复木结构用木材与木产品的质量证明文件应符合现行国家标准《木结构工程施工质量验收规范》GB 50206 的相关规定。

7.1.4　应对由专业工厂进行木材防护材料、化学药剂防腐、防虫处理以及采用加压浸渍法防火阻燃处理的木构件的质量证明文件进行全数查验。木材的防腐性能对木结构性能尤为重要，如果不能提供合格检验报告，则应按现行国家标准《木结构工程施工质量验收规范》GB 50206 的相关规定，对结构用木材进行防护性能的检验。

7.2 检测参数

7.2.1～7.2.4 住宅修缮工程中方木与原木结构、胶合木结构、轻型木结构等结构用木材与木产品进场复验参数主要依据现行国家标准《木结构工程施工质量验收规范》GB 50206、《木结构通用规范》GB 55005 的相关规定。

本章所指的旧木材主要是原木、方木结构用木材。旧木材使用年限较长，材性有所退化，为确保旧木材材质等级，有必要对木材含水率、弦向静曲强度进行见证取样检测。

7.2.5，7.2.6 国家标准《木结构通用规范》GB 55005—2021 要求对进场木材与木产品的检验应包括承重钢构件、连接用钢材的屈服强度、抗拉强度、伸长率以及钢木屋架下弦圆钢冷弯性能。根据国家标准《木结构工程施工质量验收规范》GB 50206—2012 第 4.2.9 条规定，圆钉的抗弯屈服强度以塑性截面模量计算，当设计文件未作抗弯屈服强度规定时，将视为由冷拔钢丝制作的普通圆钉，只需检验其产品合格证书。

7.2.7 国家标准《木结构工程施工质量验收规范》GB 50206—2012 第 7.2.1、7.2.2 条规定，经化学药剂防腐处理后的每批次木构件（包括成品防腐木材），在具备药物有效性成分的载药量和透入度合格检验报告的前提下，对透入度进行复验。

7.2.8 如防火涂层采用现场喷涂法施工，依据国家标准《木结构工程施工质量验收规范》GB 50206—2012 第 7.2.4 条的规定，对其防火涂层厚度进行复验。

7.3 复验批次

7.3.1 本条对新购方木与原木结构、胶合木结构、轻型木结构等结构用木材与木产品进场后需进行复验的最小数量进行了规定。

住宅修缮工程木材与木产品使用量一般较少，目前住宅修缮工程中，木结构用新购木材与木产品的最小使用量大多在10 m^3 范围内。考虑到进场材料总量较低时会产生检测费用高于进场材料费用等情况，因此规定零星使用的木材与木产品在外观质量检查和质量证明文件核查符合要求的基础上可以不进行复验。当同一树种的方木、原木结构或同一树种、同一强度的胶合木结构、轻型木结构用木材与木产品进场数量不足 3 m^3 时，如设计无特殊要求时可不进行复验。对于使用量大于 3 m^3 但木材数量无法满足复验所需样品的数量时，如质量证明文件齐全可不进行复验，否则应增加木材数量以满足复验要求。

7.3.2 当利用旧木材修接时，因其使用年限较长，其材性和材料缺损的情况较为普遍，且通常无质量证明文件，因此有必要对住宅修缮工程中所有使用的旧木材以同一树种且不超过 100 m^3 为同一批次进行见证取样检测。

7.3.3 木结构连接用钢材总量与结构用木材与木产品的总量相关，因此规定同一树种的方木、原木结构或同一树种、同一强度的胶合木结构、轻型木结构用木材与木产品使用量不足 3 m^3 时，相应的木结构连接用钢材在质量证明文件核查符合要求的基础上可不进行复验。

7.3.4,7.3.5 进场的木结构承重钢构件、连接用钢材的复验批次依据现行国家标准《钢结构工程施工质量验收标准》GB 50205 中钢材复验检验批的规定；圆钉的复验批次主要参考了现行行业标准《一般用途圆钢钉》YB/T 5002。

7.4 取样方法和取样数量

7.4.3 木结构用材的取样方法和取样数量主要依据现行国家标准《木结构工程施工质量验收规范》GB 50206 的相关要求。

方木、原木、板材、旧木材弦向静曲强度试材长度要求主要依据现行国家标准《无疵小试样木材物理力学性质试验方法　第9部分：抗弯强度测定》GB/T 1927.9的相关要求。其规定的试样尺寸为300 mm(L)×20 mm(R)×20 mm(T)，L、R、T分别为试样的纵向、径向和弦向。考虑需从试材中选取无疵部分作为试样，因此建议试材长度不小于1 m。

轻型木结构用规格材抗弯强度试材长度要求主要依据国家标准《木结构工程施工质量验收规范》GB 50206—2012附录G的相关要求。

7.5　评定要求

7.5.2　旧木材使用前应进行见证取样检测，检测方法宜按现行国家、行业标准规定的方法进行，或由相关单位协商确认。旧木材的评定应符合设计要求，由于旧木材在市场上的稀缺性，如其强度未达到设计要求，可由设计单位按实际检测强度进行承载力复核，以判断其是否可以再利用。

7.5.4　本条提出了当未按要求对木结构用材进行复验或对工程实体质量有疑义时的解决方案，应按现行行业标准《木结构现场检测技术标准》JGJ/T 488的有关规定进行检测。

8 砂　浆

8.1 一般要求

8.1.1 本市住宅修缮工程中使用的预拌砂浆主要包括干混普通砌筑砂浆、干混普通抹灰砂浆、干混地面砂浆、干混普通防水砂浆、干混薄层抹灰砂浆、干混薄层砌筑砂浆和干混界面砂浆等。为保障住宅修缮工程质量，对预拌砂浆进场时及施工过程中提出了相应的复验要求。

8.1.2 砂浆长期存放超过保质期，将会增加受潮风险，其性能会发生变化，影响产品质量，故对进场的预拌砂浆提出符合产品保质期的要求。

8.1.3 砂浆的稠度对砂浆抗压强度试块有明显的影响，为如实反映施工中砂浆的强度，制作砂浆强度试块的稠度应符合设计和相关标准的要求，在实际操作中应注意砂浆的用水量控制。

8.1.4 对本章未列出的其他砂浆，可根据本章要求的检测参数及复验批次进行质量控制，取样方法和取样数量、评定要求应符合相关标准的要求，如果设计提出了更高的要求，还应符合设计要求。

8.2 检测参数

8.2.1～8.2.4 条文规定了砂浆进场后的复验参数。针对不同类型的预拌砂浆，根据产品标准及应用部位的不同要求，规定了各类预拌砂浆进场复验的检测参数。预拌砂浆普遍需要检测保水性和抗压强度，抹灰砂浆和防水砂浆增加了对粘结强度的要求。根据上海地区多雨少冻的情况，干混界面砂浆主要考察拉伸粘结强度（未处理）和浸水处理后的强度。

8.2.5 本条规定了砌筑砂浆、地面砂浆在施工时应留置28 d抗压强度标准养护试块，确认砂浆强度等级是否符合设计要求。

8.3 复验批次

8.3.1 本条对预拌砂浆进场后需进行复验的最小数量进行了规定。根据前期调研数据显示，少数住宅修缮工程存在用于局部砌筑或修补的预拌砂浆使用量较少、检测所需样品数量占进场材料总数比例较大、检测费用高于进场材料费用等情况，因此规定零星使用的预拌砂浆在外观质量检查和质量证明文件核查符合要求的基础上可以不进行复验。

综合考虑修缮施工进度和经济性等因素，将同一品种、同一等级进场预拌砂浆的零星用量界限定为0.2 t。

8.3.2 本条规定了预拌砂浆的进场复验组批要求。由于住宅修缮工程受住户影响较大，材料堆放地点狭小，预拌砂浆使用量较少，根据住宅修缮工程实际情况，提出本条规定。

8.4 取样方法和取样数量

8.4.6 本条对砂浆试件的养护进行了要求。按现行行业标准《建筑砂浆基本性能试验方法》JGJ/T 70的相关要求，砂浆试块拆模后应立即放入温度为20℃±2℃、相对湿度为90%以上的环境中养护，因此施工现场应配备标准养护室或标准养护箱。

8.4.7 砂浆试件标准养护期间，施工单位应确保试件养护条件符合相关标准的规定，并养护至规定龄期后送检，砂浆试件不得委托其他单位进行代养护。

砂浆试件养护是砂浆试件制作的一个重要环节，砂浆试件如由其他单位代养护,施工单位和监理单位将无法按规定履行见证取样职责,一旦发生质量争议将无法分清质量责任。

8.5 评定要求

8.5.6 本条提出了当现场未按规定制作试块、现场成型的砌筑砂浆试块强度评定不合格、强度检测结果无效或强度试件检测结果存在疑义时的解决方案。应按现行上海市工程建设规范《商品砌筑砂浆现场检测技术规程》DG/TJ 08—2021 的有关规定进行检测,作为下一步处理的依据。

9 防水材料

9.1 一般要求

9.1.1 本条规定了本章的应用范围。住宅修缮工程中的屋面、外墙、室内和地下等部位均会用到防水材料，在相关材料进场时需对其进行进场复验。本章中根据防水材料类型，将其分为防水卷材、防水涂料、密封材料、止水材料和瓦材等。

由于部分住宅修缮工程中存在旧材料再利用的情况，涉及旧材料再利用的瓦材主要是由黏土成型、烧结而成的烧结瓦，为合理使用旧材料再利用烧结瓦，保障住宅修缮工程质量，应在使用前按本章规定对原有烧结瓦的性能进行检测。

9.1.2 本条对旧材料再利用的烧结瓦的外观质量进行了规定。

9.1.3 本章未提及的防水材料，其复验批次可按本章第9.3节的规定，取样方法和取样数量应符合相关标准的要求，如果设计提出了更高的要求，还应符合设计要求。对于新材料、新产品，其检测参数应符合相关标准和设计要求；对于已成熟使用的其他材料，其检测参数可按下列原则确定，若相关产品标准中没有相关参数则不作要求：

1 防水卷材的检测参数应包括拉力/拉伸强度、伸长率、不透水性参数，对PY类沥青防水卷材还应包括可溶物含量参数，对自粘防水卷材还应包括剥离强度参数，对高分子防水卷材还应包括配套胶粘剂的剥离强度参数；当改性沥青防水卷材用于屋面时还应包括低温柔性/低温弯折、耐热性参数；而用于地下时还应包括低温柔性、热老化后低温柔性参数。

2 有机防水涂料的检测参数应包括固体含量、拉伸强度、断裂伸长率、不透水性参数；当用于室内时，还应包括现行行业标准《建筑防水涂料中有害物质限量》JC 1066 中规定的有害物质参数；当用于屋面时，还应包括低温柔性/低温弯折、耐热性（若有）参数；当用于外墙时，还应包括低温柔性/低温弯折参数；当用于地下时，还应包括粘结强度、抗渗性（若有）参数。

3 无机防水涂料的检测参数应包括抗渗性能、粘结强度；当用于屋面、室内和外墙时，还应包括抗折强度、抗压强度参数。

4 密封材料的检测参数应包括流动性、表干时间、挤出性/适用期、弹性恢复率、拉伸模量、定伸粘结性参数；当用于室内时，还应包括浸水后定伸粘结性参数。

5 止水材料和瓦材由于不同类别产品检测参数差异较大，可依据本章同类产品的检测参数要求。

9.2 检测参数

9.2.1～9.2.5 防水材料根据其使用部位的不同规定了不同的复验参数。其中，用于屋面防水材料复验参数的确定，主要依据国家标准《屋面工程质量验收规范》GB 50207—2012；用于室内防水材料复验参数的确定，主要依据行业标准《住宅室内防水工程技术规范》JGJ 298—2013；用于外墙防水材料复验参数的确定，主要依据行业标准《建筑外墙防水工程技术规程》JGJ/T 235—2011；用于地下防水材料复验参数的确定，主要依据国家标准《地下防水工程质量验收规范》GB 50208—2011。密封材料复验参数的确定，主要依据国家标准《屋面工程质量验收规范》GB 50207—2012、《地下防水工程质量验收规范》GB 50208—2011 以及上海市住房和城乡建设管理委员会发布的《上海市装配整体式混凝土建筑防水技术质量管理导则》等。用于室内防水的涂料还应满足环境保护及安全要求，其有害物质指标的确定主要参考现行行业标准《建筑防水涂料中有害物质限量》JC 1066 的规定。

9.3 复验批次

9.3.1 本条对防水材料进场后需进行复验的最小数量进行了规定。前期调研数据显示，少数住宅修缮工程存在用于局部修补的防水材料使用量较少、检测所需样品数量占进场材料总数比例较大、检测费用高于进场材料费用等情况，因此规定零星使用的防水材料在外观质量检查和质量证明文件核查符合要求的基础上可以不进行复验。

综合考虑修缮施工进度和经济性等因素，将同一品种（类型）、同一规格防水卷材的零星用量界限定为 100 m^2；防水涂料的零星用量界限定为 0.2 t；密封材料和遇水膨胀止水胶的零星用量界限定为 0.05 t；止水材料的零星用量界限定为 100 m；瓦材的零星用量界限定为 100 件。

9.3.2 防水卷材批量的确定主要依据相关产品标准中的相关组批规定。相关调查和问卷反馈的情况显示，在部分住宅修缮工程中，同品种、同规格的防水卷材的最大使用量范围达到 15 000 m^2～20 000 m^2，因此有必要对批次的大小进行限制。

9.3.3 依据国家标准《地下防水工程质量验收规范》GB 50208—2011、行业标准《住宅室内防水工程技术规范》JGJ 298—2013 和相关产品标准中的相关组批规定，结合住宅修缮工程的特点以及对住宅修缮工程中防水涂料最大使用量的调查和问卷反馈情况，本标准中将防水涂料的复验批次规定为 5 t。

9.3.4 相关调查和问卷反馈的数据显示，多数住宅修缮工程中同品种、同规格的密封材料的最大使用量均小于 2 t。行业标准《住宅室内防水工程技术规范》JGJ 298—2013 和国家标准《地下防水工程质量验收规范》GB 50208—2011 等规范中对密封材料的批次规定也为 2 t。依据相关验收规范中的规定并结合住宅修缮工程特点，本标准中将密封材料的复验批次规定为 2 t。

9.3.5 相关调查和问卷反馈的数据显示，多数住宅修缮工程中同品种、同规格的止水材料的最大使用量均小于其相应产品标准规定的批次。依据国家标准《地下防水工程质量验收规范》GB 50208—2011 中对止水带的批次规定“每月同标记的止水带产量为一批”并结合住宅修缮工程的特点，本标准中对止水材料的批次未规定具体的数值，以同一生产厂家、同一标记、同一批号的止水材料作为同一复验批次。

9.3.6 相关调查和问卷反馈的数据显示，多数住宅修缮工程中同品种、同规格的瓦材的最大使用量均小于其相应产品标准规定的批次。依据国家标准《屋面工程质量验收规范》GB 50207—2012 中对瓦材批次的规定“同一批至少抽 1 次”并结合住宅修缮工程的特点，本标准中对瓦材的批次未规定具体的数值，以同一生产厂家、同一类型、同一规格、同一批号的瓦材作为同一复验批次。

9.3.7 旧瓦材由于生产年代久远，无法追溯其等级和质量证明材料，复验组批根据等级进行划分有实际操作难度，故本条规定以同品种、同规格进行批次划分。同时，对拆自本工程的再利用瓦材，其生产年代、强度等级具备一致性条件；而拆自其他工程的再利用瓦材，其生产年代、强度等级具有不确定性和离散性，因此结合本市修缮工程再利用烧结瓦实际情况，提出本条规定。

9.4 取样方法和取样数量

9.4.1 样品应在施工现场随机抽样，对于止水带、遇水膨胀橡胶等，应采用工程现场使用的成品进行送检，不得使用生产企业的标准试片送检。

9.5 评定要求

9.5.1～9.5.5 防水材料的评定标准为相关产品标准，各类材料的技术指标和检测方法均应符合相关产品标准的规定。

9.5.6 旧烧结瓦使用前应进行见证取样检测，检测结果应符合设计要求，检测方法宜按现行产品标准规定的方法进行，或由相关单位协商确认。

10 建筑节能材料

10.1 一般要求

10.1.2 本章未提及的建筑节能材料，其复验批次可按本章第10.3节的规定，取样方法和取样数量、评定要求应符合相关标准的要求，如果设计提出了更高的要求，还应该符合设计要求。对于新材料、新产品，其检测参数应符合相关标准和设计要求；对于有机类保温板材，其检测参数可依据模塑聚苯乙烯泡沫塑料(EPS)或挤塑聚苯乙烯泡沫塑料(XPS)的检测参数；对于无机类保温板材，其检测参数可依据泡沫玻璃绝热制品的检测参数。

10.2 检测参数

10.2.1～10.2.8 规定了建筑节能材料的复验参数，模塑聚苯乙烯泡沫塑料(EPS)、挤塑聚苯乙烯泡沫塑料(XPS)、泡沫玻璃绝热制品、泡沫混凝土制品、泡沫混凝土砌块、柔性泡沫橡塑绝热制品、电线电缆和建筑反射隔热涂料复验参数的确定主要依据上海市工程建设规范《建筑节能工程施工质量验收规程》DGJ 08—113—2017的规定，建筑反射隔热涂料的复验参数还参考了国家标准《建筑节能工程施工质量验收标准》GB 50411—2019。

10.3 复验批次

10.3.1 本条对建筑节能材料进场后需进行复验的最小数量进行了规定。前期调研数据显示，少数住宅修缮工程存在用于局部修补的建筑节能材料使用量较少、检测所需样品数量占进场材料总数比例较大、检测费用高于进场材料费用等情况，因此规定零星使用的建筑节能材料在外观质量检查和质量证明文件核查符合要求的基础上可以不进行复验。

综合考虑修缮施工进度和经济性等因素，将同一品种（类型）、同一规格型号、同一等级绝热用模塑聚苯乙烯泡沫塑料（EPS）、绝热用挤塑聚苯乙烯泡沫塑料（XPS）、泡沫玻璃绝热制品、泡沫混凝土制品、泡沫混凝土砌块、建筑反射隔热涂料的零星用量限定为用于屋面或保温墙面的面积达到 100 m^2，柔性泡沫橡塑绝热板的零星用量界限定为进场数量 100 m^2，柔性泡沫橡塑绝热管的零星用量界限定为进场数量 50 m，电线电缆的零星用量界限定为进场数量 100 m。

10.3.2 绝热用模塑聚苯乙烯泡沫塑料（EPS）、绝热用挤塑聚苯乙烯泡沫塑料（XPS）、泡沫玻璃绝热制品、泡沫混凝土制品、泡沫混凝土砌块批量的确定主要依据上海市工程建设规范《建筑节能工程施工质量验收规程》DGJ 08—113—2017 中屋面节能工程有关保温隔热材料的相关组批规定。

10.3.3 柔性泡沫橡塑绝热制品批量的确定主要依据上海市工程建设规范《建筑节能工程施工质量验收规程》DGJ 08—113—2017 中供暖、通风与空调节能工程有关绝热材料的相关组批规定。

10.3.4 电线电缆批量的确定主要依据上海市工程建设规范《建筑节能工程施工质量验收规程》DGJ 08—113—2017 中配电与照明节能工程有关电线电缆的相关组批规定。

10.3.5 建筑反射隔热涂料批量的确定主要依据上海市工程建设规范《建筑节能工程施工质量验收规程》DGJ 08—113—2017 中墙体节能工程和屋面节能工程有关保温隔热材料的相关组批规定。

10.4 取样方法和取样数量

10.4.1～10.4.3 建筑节能材料的取样方法遵循随机抽样的原则，在同批材料中进行抽样。建筑节能材料的取样数量依据本标准中规定的检测参数进行确定，应满足相关检测方法中对样品的要求。泡沫混凝土砌块取样时还应满足相关产品标准对样品龄期及外观尺寸要求的规定。

10.5 评定要求

10.5.1 绝热用模塑聚苯乙烯泡沫塑料(EPS)、绝热用挤塑聚苯乙烯泡沫塑料(XPS)、泡沫玻璃绝热制品、泡沫混凝土制品、泡沫混凝土砌块、柔性泡沫橡塑绝热制品、建筑反射隔热涂料的评定标准为相关产品标准，其技术指标和检测方法均应符合相关产品标准的规定。现行的建筑反射隔热涂料产品标准有2个，分别为现行国家标准《建筑用反射隔热涂料》GB/T 25261和现行行业标准《建筑反射隔热涂料》JG/T 235，检测时所采用的评定标准应和产品出厂时依据的标准一致。电线电缆的检测结果应符合现行上海市工程建设规范《建筑节能工程施工质量验收规程》DGJ 08—113的规定，其中软导体的检测结果应符合现行国家标准《电缆的导体》GB/T 3956的规定。导体电阻值应依据现行国家标准《电线电缆电性能试验方法　第4部分：导体直流电阻试验》GB/T 3048.4的规定进行检测。

11 门 窗

11.1 一般要求

11.1.1 本条规定了本章的适用范围，用于住宅修缮工程中且使用前需要进行复验的门窗主要指建筑外门窗，其品种主要包括铝合金门窗和塑料窗两种。用于室内的门窗本标准不作复验要求。

11.1.2 对本章未列出的其他门窗，可根据本章要求的检测参数及复验批次进行质量控制，取样方法和取样数量、评定要求应符合相关标准的要求，如果设计提出了更高的要求，还应符合设计要求。

11.2 检测参数

11.2.1 本条规定了门窗的复验参数，门窗的主要物理性能包括气密性能、水密性能、抗风压性能和保温性能。由于在住宅修缮工程中需进行复验的外门窗主要用于公共场所区域，不涉及保温性能，故本标准中对门窗的复验参数只规定了气密性能、水密性能和抗风压性能 3 项。

11.2.2 如果设计对门窗保温性能有要求的，应按设计要求进行传热系数的复验。

11.3 复验批次

11.3.1 本条对门窗进场后需进行复验的最小数量进行了规定。前期调研数据显示，少数住宅修缮工程存在用于局部修缮的门窗使用量较少、检测所需样品数量占进场材料总数比例较大、检测费用高于进场材料费用等情况，因此规定零星使用的门窗在外观质量检查和质量证明文件核查符合要求的基础上可以不进行复验。综合考虑修缮施工进度和经济性等因素，将同一材质、同一类型门窗的零星用量界限定为 10 樘。

11.3.2 门窗批量的确定主要依据国家标准《建筑节能工程施工质量验收标准》GB 50411—2019、《建筑装饰装修工程质量验收标准》GB 50210—2018 以及上海市工程建设规范《建筑节能工程施工质量验收规程》DGJ 08—113—2017 中的相关组批规定综合确定。考虑到抗风压安全性等，在选取门窗检测样品时应按照最不利状态选择样品。

门窗的材质主要指制造门窗框、扇框架型材的材质，如钢型材、铝型材、铝塑共挤型材等。门窗的类型指分类，分类主要是开启方式分类，如平开窗、推拉窗，及平开下悬、上悬窗等。门窗的型号指门窗的产品型号，主要是按照门窗框的厚度系列来分的，如 90 系列、60 系列等。

11.4 取样方法和取样数量

11.4.1，11.4.2 门窗的取样方法遵循随机抽样的原则，在同批材料中进行抽样。门窗的取样数量根据本标准中规定的检测参数进行确定，应满足相关检测方法中对样品的要求。

11.5 评定要求

11.5.1 门窗的评定标准为相关产品标准，其技术指标和检测方法均应符合相关产品标准的规定。同时，门窗的质量还应满足设计要求。

12　非金属类给排水、雨水管道

12.1　一般要求

12.1.1　本条规定了本章的适用范围。金属类管道在本市住宅修缮工程中使用量较少，在历史保护建筑修缮工程中如确需使用铸铁排水管、雨水管等金属类管道的，可按设计要求进行复验。

12.1.2　本章未提及的其他非金属类给排水、雨水管道，其复验批次可按本章第12.3节的规定，取样方法和取样数量应符合相关标准的要求，如果设计提出了更高的要求，还应该符合设计要求。对于新材料、新产品，其检测参数应符合相关标准和设计要求；对于已成熟使用的其他材料，其检测参数可按下列原则确定，若相关产品标准中没有相关参数则不作要求：

1　给水管道的检测参数应包括静液压强度、灰分、纵向回缩率、简支梁冲击。

2　室内排水管道的检测参数应包括密度、维卡软化温度、纵向回缩率、拉伸屈服应力、断裂伸长率、落锤冲击试验、烘箱试验和坠落试验。

3　雨水管道的检测参数应包括拉伸强度、断裂伸长率、纵向回缩率、维卡软化温度、耐冲击性能和烘箱试验。

4　用于室外排水的埋地管道的检测参数应包括密度、环刚度、环柔性。

12.2　检测参数

12.2.1～12.2.4　本条规定了常用非金属类管道进场后的复验

参数。住宅修缮工程中应用较多的非金属管道有:冷热水用聚丙烯管道、建筑排水用硬聚氯乙烯(PVC-U)管道、建筑用硬聚氯乙烯(PVC-U)雨落水管道、埋地排水用硬聚氯乙烯(PVC-U)双壁波纹管材、埋地排水用硬聚氯乙烯(PVC-U)加筋管材、埋地用聚乙烯(PE)双壁波纹管材、埋地用聚乙烯(PE)缠绕结构壁管材等。为避免二次污染,用于输送饮用水的管道尚应符合现行国家标准《生活饮用水输配水设备及防护材料的安全性评价标准》GB/T 17219 的要求。

12.3 复验批次

12.3.1 本条对非金属类给排水、雨水管道进场后需进行复验的最小数量进行了规定。根据前期调研数据显示,少数住宅修缮工程存在用于局部修缮的管道材料使用量较少、检测所需样品数量占进场材料总数比例较大、检测费用高于进场材料费用等情况,因此规定零星使用的管道材料在外观质量检查和质量证明文件核查符合要求的基础上可以不进行复验。

综合考虑修缮施工进度和经济性等因素,将同一类型和同一规格的管材零星用量界限定为 300 m。

12.3.2 同一生产厂家、同一批次、同一类型和同一规格的非金属类给排水、雨水管道性能稳定,所以以此划分复验批次。由于住宅修缮工程受住户影响较大、材料堆放地点狭小等因素,复验批不要求同批次进场。

12.5 评定要求

12.5.1,12.5.2 非金属类给排水、雨水管道的评定标准为相关产品标准,其技术指标和检测方法均应符合相关产品标准的规定。

13 建筑涂料

13.1 一般要求

13.1.2 本章未提及的其他建筑涂料，其复验批次可按本章第13.3节的规定，取样方法和取样数量应符合相关标准的要求，如果设计提出了更高的要求，还应该符合设计要求。对于新材料、新产品，其检测参数应符合相关标准和设计要求；对于已成熟使用的其他材料，其检测参数可按下列原则确定，若相关产品标准中没有相关参数则不作要求：

1 外墙涂料的检测参数应包括耐沾污性、耐洗刷性、耐碱性、对比率(或粘结强度)。

2 内墙涂料的检测参数应包括耐洗刷性、对比率(或粘结强度)、有害物质限量。

3 外墙底漆的检测参数应包括耐碱性、透水性。

4 内墙底漆的检测参数应包括耐碱性、有害物质限量。

13.2 检测参数

13.2.1,13.2.2 规定了常用建筑涂料进场后的复验参数。目前国内市场上应用较广泛的内外墙涂料有：合成树脂乳液外墙涂料、合成树脂乳液内墙涂料、弹性建筑涂料、合成树脂乳液砂壁状建筑涂料、建筑内外墙用底漆、水性多彩建筑涂料、外墙柔性腻子、建筑外墙用腻子、建筑室内用腻子等。由于住宅修缮工程施工周期较短，复验参数的选择以检验产品物理化学性能为主，兼顾检测周期。合成树脂乳液砂壁状建筑涂料无法检测对比率，则需要复测粘结强度。另外，为了室内环境环保安全，内墙涂料均需复验甲醛含量和VOC含量。

13.3 复验批次

13.3.1 本条对建筑涂料进场后需进行复验的最小数量进行了规定。根据前期调研数据显示，少数住宅修缮工程存在用于局部修缮的建筑涂料使用量较少、检测所需样品数量占进场材料总数比例较大、检测费用高于进场材料费用等情况，因此规定零星使用的建筑涂料在外观质量检查和质量证明文件核查符合要求的基础上可以不进行复验。

综合考虑修缮施工进度和经济性等因素，将同一品种、同一质量等级建筑涂料的零星用量界限定为0.2 t。

13.3.2 同一生产厂家、同一品种、同一质量等级、同一批次的建筑涂料产品性能稳定，所以以此划分复验批。由于住宅修缮工程受住户影响较大、材料堆放地点狭小等因素，复验批不要求同批次进场。

13.5 评定要求

13.5.1～13.5.3 建筑涂料的评定标准为相关产品标准，其技术指标和检测方法均应符合相关产品标准的规定。同时，结合本市实际情况，合成树脂乳液内外墙涂料的技术指标要求为产品标准中的一等品指标。

14 钢管、扣件

14.1 一般要求

14.1.1 本条规定了住宅修缮工程中使用的扣件式脚手架、模板支撑架等承重支架、材料堆放分隔或防护栏杆用钢管及扣件，主要包括低压流体输送用焊接钢管、直缝电焊钢管、直角扣件、旋转扣件和对接扣件，并提出了相应的复验要求。

14.3 复验批次

14.3.1 根据上海地区扣件式脚手架、模板支撑架等承重支架、材料堆放分隔或防护栏杆用钢管的实际使用现状，规定了钢管的复验批次。

14.3.2 根据上海地区扣件的实际使用现状，规定了扣件的复验批次。

14.4 取样方法和取样数量

14.4.1 国家标准《低压流体用输送焊接钢管》GB/T 3091—2015、《直缝电焊钢管》GB/T 13793—2016、《钢管脚手架扣件》GB 15831—2006 规定，首次检测不合格后应进行复试。为确保样品的真实性和代表性，本标准规定钢管、扣件的首次检测和复试样品应同时取样。

14.4.4 规定了施工现场抽取扣件的方法，扣件的配件如 T 型螺栓、垫片、螺母等为复验必需的配件，在取样过程中应配套抽取。

15 建筑外立面附加设施锚固件抗拉拔、抗剪性能

15.1 一般要求

15.1.1 住宅修缮工程中附加设施使用的后置锚固件的抗拉拔、抗剪性能对工程质量和安全具有重要影响，受到管理部门、设计、施工、监理和业主等各方的高度关注。尤其是部分住宅修缮工程中，由于缺乏设计依据，设计单位需根据锚固件现场抗拉拔、抗剪性能检测结果，提出设计要求。依据现行行业标准《混凝土结构后锚固技术规程》JGJ 145、现行上海市工程建设规范《建筑锚栓抗拉拔、抗剪性能试验方法》DG/TJ 08—003 的规定，结合上海市修缮工程的实际外立面附加设施锚固件使用情况提出检测及评定要求。

15.1.2 非破坏性检测对基层墙体及锚固件损伤较小，后期维护修补方便，对居民生活影响较小，因此当对建筑外立面附加设施锚固件施工质量有检测要求时，可采用非破坏性检测。

15.1.3 部分住宅修缮工程由于缺乏墙体性能数据，需在施工前进行设计验证。设计验证时，应提供外立面附加设施锚固件抗拉拔、抗剪性能的荷载-位移曲线、破坏模式、最大力值等检测结果。

根据现行行业标准《混凝土结构后锚固技术规程》JGJ 145，结合上海市修缮工程的实际情况，当对非破坏性检测结果有疑义或有特殊要求时，应进行破坏性检测。

15.2 抽样要求

15.2.1～15.2.3 依据现行行业标准《混凝土结构后锚固技术规

程》JGJ 145 的规定，结合本市修缮工程的实际情况提出抽样要求。

住宅修缮工程可能涉及包括不同基材的各类墙体，常见的基材结构有混凝土、烧结普通砖、蒸压硅酸盐普通砖、烧结多孔砖和多孔砌块、混凝土多孔砖、普通混凝土小型砌块、烧结空心砖和空心砌块、蒸压加气混凝土砌块，由于锚固件在不同基材结构中的抗拉拔、抗剪性能差异较大，为保证住宅修缮工程外立面附加设施的锚固质量，故对设计验证和施工质量现场检测的检验批和抽样数量提出相应要求。

当建筑外立面附加设施锚固件进行抗拉拔、抗剪性能的设计验证时，在满足本条规定的同时，应结合修缮工程实际情况，根据设计要求增加抽样数量。

当基层墙体为砌体结构的施工质量现场检测时，建筑外立面附加设施锚固质量仅因锚固部位的不同，会产生多种多样的破坏状态，导致承载力变异系数较大，应适当加大非破损检验的抽样频率，同时结合修缮工程外立面附加设施的特点，提出了检验批的要求。

15.2.4 国内外标准在制定检测合格指标时，均是以胶粘剂产品说明书标示的固化期为准所取得的试验结果为依据确定的。因此，对实际工程中存在胶粘剂的锚固件，其检测日期也应以此为准，才能如实反映胶粘剂质量状况。倘若时间拖得较长，将会使本来固化不良的胶粘剂，其强度有所增长，甚至能达到合格要求，但这并不能改善其安全性和耐久性。若因故需推迟抽样与检测日期，除应征得监理单位同意外，推迟不应超过 3 d。

15.3 检测方法和评定要求

15.3.1 外立面附加设施锚固件抗拉拔、抗剪性能的检测方法中，现行上海市工程建设规范《建筑锚栓抗拉拔、抗剪性能试验方法》DG/TJ 08—003 主要针对混凝土结构进行检测，用于砌体结构时，检测方法基本一致，故提出本条规定。

15.3.2，15.3.3 本条提出了提出抗拉拔性能破坏性试验的评定要求。根据现行行业标准《混凝土结构后锚固技术规程》JGJ 145 对基层墙体为混凝土的外立面附加设施锚固件提出了抗拉拔性能的要求，结合上海市住宅修缮工程的实际情况，提出了基层墙体为砌体结构的抗拉拔性能的要求。

15.3.4，15.3.5 本条依据现行国家标准《建筑结构加固工程施工质量验收规范》GB 50550、现行行业标准《混凝土结构后锚固技术规程》JGJ 145 的相关规定制定。非破损检测结果评定时，一个检测批中不合格的试件不超过 5%时，应另抽 3 件试件进行破坏性检测，若检测结果全部合格，该检验批仍可评定为合格。计算限值 5%时，不足 1 件，按 1 件计。当外立面附加设施锚固件锚固质量不合格时，应会同有关部门依据检测结果，研究采取专项措施。

16 结构混凝土抗压强度

16.1 一般要求

16.1.1 住宅修缮工程中，对进场的混凝土原材料应按本标准第5章要求进行复验，但当存在未按规定制作混凝土强度试件、试件强度检测结果无效、强度评定不合格、现场有需要或争议等情况时，应对施工后的结构混凝土进行检测。

16.1.2 目前常用的结构混凝土强度检测有回弹法、超声回弹综合法、钻芯修正法、钻芯法等多种方法。其中钻芯修正法是通过钻取芯样，用芯样强度对回弹法、超声回弹综合法等间接法检测得到的混凝土抗压强度换算值进行修正的方法。采用钻芯修正法进行检测，既可以提高检测的准确性，又减少了大量钻取芯样对构件的损坏。

为确保检测准确性，本标准规定应使用钻芯修正法或钻芯法进行检测。当构件数量较少，无法满足钻芯修正法所需最少芯样数量时，应采用钻芯法进行单构件检测。

16.1.3 为保障钻芯修正法及钻芯法检测的准确性，依据现行上海市工程建设规范《结构混凝土抗压强度检测技术标准》DG/TJ 08—2020 相关要求对结构混凝土的适用条件进行了规定。

16.1.4 本条规定了批量检测时同一批量的划定原则。

16.2 抽样要求

16.2.1 本标准中所采用的钻芯修正法及钻芯法检测均涉及在混凝土构件上钻取芯样试件，为方便钻芯，并相对降低钻芯对构件的影响，以及提高检测抽样的代表性，本条对构件的抽样原则进行了规定。

16.2.2 本条规定了按单构件检测或按批抽样检测时的抽样数量原则。

16.3 检测方法和评定要求

16.3.1，16.3.2 本条依据现行上海市工程建设规范《结构混凝土抗压强度检测技术标准》DG/TJ 08—2020 对采用钻芯修正法或钻芯法检测混凝土抗压强度的计算及推定方法进行了规定。此处将推定值与设计要求的混凝土强度等级进行比较，以评定该批或单个构件的实体混凝土抗压强度是否符合要求。当推定值小于设计要求的混凝土强度等级时，应经结构设计确认并采取相应处理措施。

17　结构混凝土氯离子含量

17.1　一般要求

17.1.1　住宅修缮工程中，当未按规定制作混凝土中水溶性氯离子含量试件或对混凝土中水溶性氯离子含量检测结果存在疑义时，应进行结构混凝土水溶性氯离子含量的现场取样检测。

17.1.2　对结构混凝土水溶性氯离子含量抽样及检测过程中，应关注操作环境中的氯离子含量情况，避免因外界氯离子源的接触，导致出现干扰检测结果的情况。

17.2　抽样要求

17.2.1　取样应具有代表性，结构混凝土水溶性氯离子含量检测的试件可利用测试抗压强度后的破损芯样，在降低对结构或构件的损伤的同时，提高了可操作性。

17.2.2　本条对结构混凝土水溶性氯离子含量检测的检验批划分和每组混凝土芯样的数量进行了规定。

17.2.3　本条规定了当混凝土结构已出现顺筋裂缝等明显劣化现象时，每组混凝土芯样取样数量应增加 1 倍。

17.3　检测方法和评定要求

17.3.1　本条对水溶性氯离子检测的制样要求和依据的检测方法进行了规定。这里的粗骨料是指公称直径大于 5.00 mm 的岩石颗粒及其破碎部分。

17.3.2 国家标准《混凝土结构通用规范》GB 55008—2021 对使用环境不同的结构混凝土提出了水溶性氯离子含量的控制要求。另外，设计若根据混凝土的设计年限和具体使用环境对混凝土水溶性氯离子含量进行规定的，应同时满足。

18 抹灰层现场拉伸粘结强度

18.1 一般要求

18.1.1 住宅修缮工程墙面和顶棚抹灰施工中,因材料和施工工艺等导致工程质量争议时,应对抹灰层拉伸粘结强度进行现场检测。

18.1.2 本条对抹灰砂浆的龄期进行了规定,进行现场拉伸粘结强度检测的抹灰砂浆,龄期不应少于 28 d。

18.2 抽样要求

18.2.1,18.2.2 抹灰层修缮既有整体修缮又有局部修缮,修缮对象包括多层住宅和高层住宅,修缮面积从 100 m^2～200 m^2 到数万平方米均有可能。住宅修缮工程中抹灰层修缮面积一般小于新建工程的抹灰层面积。本条依据现行行业标准《抹灰砂浆技术规程》JGJ/T 220—2010 并结合住宅修缮工程实际,规定了抹灰砂浆的抽样要求。外墙、顶棚抹灰砂浆可能存在高坠的潜在隐患,因此其抽样要求适当提高。

18.3 检测方法和评定要求

18.3.2 拉伸粘结强度是按照检验批进行检测的,在评定其质量是否合格时,按同一生产厂家、同一品种、同一强度等级、同一工程部位、同一施工工艺和同类基层的若干检验批构成的验收批进行评定。

18.3.3 预拌抹灰砂浆拉伸粘结强度评定要求依据现行上海市工程建设规范《预拌砂浆应用技术标准》DG/TJ 08—502 有关规定执行。